中国狩猎

中国野生动物保护协会
北京环球生态探索文化传播有限公司
编　著

中国林業出版社
·北京·

图书在版编目（CIP）数据

中国狩猎 / 中国野生动物保护协会, 北京环球生态探索文化传播有限公司编著.
-- 北京 : 中国林业出版社, 2023.2
ISBN 978-7-5219-1714-7
Ⅰ. ①中… Ⅱ. ①中… ②北… Ⅲ. ①狩猎－基本知识－中国 Ⅳ. ①S86

中国版本图书馆CIP数据核字(2022)第097579号

责任编辑：甄美子
策划编辑：张衍辉
中国林业社出版社 · 自然保护分社（国家公园分社）

出　版：中国林业出版社（100009 北京市西城区刘海胡同7号）
网　址：http://www.forestry.gov.cn/lycb.html
电　话：010-83143521　83143616
发　行：中国林业出版社
印　刷：北京华联印刷有限公司
版　次：2023年2月第1版
印　次：2023年2月第1次
开　本：787mm×1092mm 1/12
印　张：$16\frac{2}{3}$
字　数：238千字
定　价：268.00元

《中国狩猎》编委会

序

野生动物是自然生态系统的重要组成部分，随着人类对野生动物和自然生态系统认识的不断深入，在通过自然修复无法达到生态平衡时，如何调控野生动物种群数量与保障生物多样性以及生态平衡已经成为国际社会共同关注的热点之一。

调控野生动物种群数量的方法有多种，狩猎无疑是调控野生动物种群数量的最主要手段。同时，狩猎也是人类最早利用野生动物的方式之一。由于狩猎满足了人类最初的基本生存需求，从这个意义上说，人类最早是在狩猎过程中成长起来的。狩猎在早期增强人类体质、提升智慧和发现、制造、使用工具方面发挥了重要的作用。随着社会的发展，狩猎已经从最初的满足人类生存需要的目的转变。当代，单纯以食用和御寒为目的的狩猎活动所占全部狩猎活动的比例已微乎其微，仅限于部分偏远、生存条件极其严苛的原住居民。

现代狩猎是在总结世界各国成功经验基础上，建立的以野生动物种群生态学为基础、以调控野生动物种群数量为核心的狩猎管理模式。科学、有限度、有选择性地狩猎不仅不是危害野生动物种群及其生物多样性的元凶，而且在改善野生动物种群结构、促进野生动物保护、维护生物多样性等方面发挥着巨大的作用。

现代狩猎不是传统意义上的打猎，其有着严格的管理制度、应当遵守的规定和必备的技能。我国制定了世界上最严格的野生动物保护法律法规，执法力度不断加强，人们保护野生动物的意识也在不断提高，野生动物的栖息地和生存环境不断改善，一些野生动物的种群数量恢复增长较快，部分地区诸如野猪、猕猴、熊、岩羊等物种的种群数量已超出了当地的环境容量，亟需进行种群调控。

《中国狩猎》一书的出版发行填补了我国狩猎人员培训教材这一空白。希望《中国狩猎》能为我国狩猎人员的培训发挥重要作用，并成为野生动物保护管理人员的重要工具书。让狩猎人员和野生动物保护管理人员成为生态文明建设理念的践行者、生态友好型社会的促进者、野生动物保护法律的执行者和野生动物科学知识的传播者。

陈凤学

中国野生动物保护协会会长

2023年2月1日

随着我国野生动物保护事业的不断深入和发展，特别是党中央把生态文明建设纳入国家“五位一体”总体布局并积极组织实施，野生动物保护事业取得了令人瞩目的成绩。野生动物的栖息地不断恢复和扩大，野生动物种群数量不断上升。部分地方的野猪、猕猴、岩羊等野生动物的数量已经超过了当地的自然承载量，野生动物的种群调控日益引起人们的普遍关注，而狩猎是野生动物种群调控的最重要手段和措施。但是，我国目前尚没有一部关于现代狩猎的专门教材。为了提高我国狩猎人员的整体素质，提高狩猎技能和安全保障水平，依法有效地做好野生动物种群调控工作，在中国野生动物保护协会的资助下，中国野生动物保护协会野生动物种群调控委员会和北京环球生态探索文化传播有限公司根据我国的实际情况，吸收国际现代狩猎的先进理念与方法，组织我国长期从事野生动物保护专业理论研究的专家、教授和长期从事培训枪支使用、参与种群调控工作的一线人员编写了《中国狩猎》一书。

《中国狩猎》一书主要介绍了野生动物保护管理与狩猎的关系，阐述了狩猎活动是野生动物保护管理工作的组成部分，尤其在野生动物种群调控工作中具有重要作用。狩猎活动要在法律法规框架内依法规范进行。因此，该书依据新修订的《中华人民共和国野生动物保护法》，就依法狩猎方面做了解读。此外，本书有关狩猎工具及装备、猎枪的使用，狩猎物种识别，狩猎方法与技能，狩猎安全与野外避险等内容，都是狩猎人员应当牢记于心并熟练掌握的内容，是确保狩猎活动顺利进行的基础。因此，该书除了作为狩猎人员的培训教材以外，还是野生动物保护管理人员的重要参考书。

编写一本针对我国狩猎人员和野生动物保护主管部门工作人员专门传授种群调控和狩猎知识的教材尚属首次，还希望在开展狩猎人员培训和野生动物种群调控工作中进一步听取专家、学者和培训对象及一线从事野生动物保护工作人员的意见、建议，以不断充实、完善本书内容，形成一部既具有中国特色又符合国际惯例的专门培训用书。

《中国狩猎》编委会

2023年2月1日

目
录

第 1 章 狩猎概述

野生动物作为自然生态系统的重要组成部分，对生态良好具有不可或缺的关键功能，因此野生动物保护是我国生态文明建设的重要组成部分。人与野生动物处于同一个自然界，人与野生动物之间，自古以来就存在着密不可分的依存关系。野生动物不仅为人类提供了衣食，同时也是人类丰富文化观念的重要载体，除其本身就具有重要的生态价值外，对于人类社会而言，野生动物还具有重要的经济价值、科研价值和文化价值等。

自从人类祖先放弃树栖生活开始，野生动物狩猎就伴随着人类的进化和发展。从某种角度而言，狩猎是人类进化的基石，对人类的演化和进化发挥了至关重要的作用。随着历史的发展，从石刀到猎枪、从果腹到运动娱乐，狩猎的形式和目的都在不断地发生改变，狩猎的意义也在不断地丰富。世界各国已将狩猎作为野生动物管理的重要手段加以利用，充分发挥着狩猎在调控野生动物种群数量、维护生态平衡、打击盗猎、保护栖息地、筹集野生动物保护资金等方面的重要作用。

1.1 野生动物保护意义

国际上现在称野生动物为wildlife。广义上讲，英文wildlife实际包括一切野生生物，如脊椎动物、无脊椎动物、植物和微生物等。但在一般情况下，wildlife一词是特指野生动物的。

美国野生动物管理的创始人Leopold在他的著作*Game Management*（1933）中，把野生动物只是狭义地指为大型狩猎动物。

Bailey（1984）认为野生动物是指那些“自由生活在与他们有天然联系的环境中的脊椎动物”。他解释说，“自由生活”的动物其生活必须不在围栏之内，或者是在至少1平方英里（2.59平方千米）以上的围栏内而不至于暴露才可看作是自由生活。动物园里的动物则不能算是自由生活。而“与动物有天然联系的环境”，应该是动物能在其内进化并允许其发挥所有适应性的环境。一只森林里的鹿，如果圈在1平方英里林内是可以称为野生动物的；但一只山区引来的羚羊也圈在同样的林内就算不上野生动物。因为后者是适应山地攀登生活的，其身体的构造和习性在林内是得不到发挥的。

Bailey的定义如果从动物管理的角度上是可以接受的。但与人们长期以来形成的习惯认识有所不同。人们已习惯于把长期为人类所驯养的动物称为家禽及家畜，而把野生的其他动物或野外灭绝时间较短，人工饲养下仍存在的动物（如我国的麋鹿）统称为野生动物。

目前，国外的野生动物定义还有“除了家养和驯养以外的动物都是野生动物，包括蜘蛛、昆虫、鱼、两栖、爬行和兽类”等。

我国学术界认为凡生存在天然自由状态下，或来源于天然自由状态，虽经短期驯养但还没有产生进化变异的各种动物，均称为野生动物。

野生动物的概念有广义和狭义之分。广义泛指兽类、鸟类、爬行类、两栖类、鱼类、软体动物和昆虫等。狭义系指除鱼类和无脊椎动物以外的上述各类动物，即包括兽类、鸟类、爬行类和两栖类。

可以看出，野生动物的内涵是随着人类对野生动物及环境的认识而逐步发展的（上述关于野生动物的论述来源于马建章的《野生动物管理学》）。

野生动物是大自然亿万年进化的产物，并在人类社会起源、发展的漫长历程中发挥了十分重要的作用。首先，早期人类的高蛋白食物、御寒服饰就主要来源于野生动物。尤为重要的是，早期人类与野生动物的博弈，特别是猎捕大型野生动物的活动，不仅增强了人类的体质、提升了人类的智慧，还促进了人类对工具的使用和集体协作分工模式的建立，为人类社会的形成奠定了基础。可以说，在人类走出森林、走向文明的历程中，野生动物始终伴随左右，成为人类的最初记忆，并深刻烙印在人类的传统、文化等各个方面。

时至今日，人类社会获得了前所未有的生产效能，不再依赖野生动物提供食物和服饰，但野生动物对人类的重要价值仍不容忽视，甚至还显现出日益扩展的趋势，具体体现在生态、经济、科学、文化四个方面。

▲远古狩猎岩画

1.1.1 生态价值

野生动物是自然生态系统的重要组成部分，在维护生态平衡方面发挥着不可替代的作用。首先，野生动物与其他生物资源共同构建了自然界中稳定的食物链和食物网，是生态系统中物质循环、能量流动的基础。任何一个物种种群的丧失，都可能导致食物链的断裂，造成自然生态系统结构的破坏、变化，影响到其生态功能的发挥，甚至导致生态失衡。特别是不少野生动物是自然生态系统中的关键物种，所处的生态地位更加重要，一旦消亡将可能激发连锁效应，直至打破自然生态系统的稳定性，导致灾难性影响。如森林生态系统一旦失去蛇类、鼬类等森林鼠类的天敌，鼠害泛滥就将摧毁当地的森林；还有一些传播花粉、传播种子的野生动物，其灭绝将可能导致自然生态系统停止更新换代，影响长远。人类虽处于食物链的顶端，一旦出现生态失衡、生态系统崩溃的局面，人类社会的生存与发展就将失去稳定、良好的自然环境，必然面临各种灾难性影响。因此，野生动物对整个食物链以及生态网都起着不可替代的联结作用，影响并制约着人类及其他生物的发展。

联合国的《生物多样性公约》规定，生物多样性是指包含自然界中的各种生物体，这些生物体来源于陆地生态系统、海洋生态系统和其他水生生态系统

▲ 草原上的黄鼠

所构成的生态综合体系；包括物种之间的生物多样性、物种内部的生物多样性和生态系统的多样性。野生动物资源作为生态系统中的重要组成部分，在维持生物物种多样性以及生态平衡等方面，具有重要的生态价值。

野生动物的生态价值远远超过于它的其他价值，是其最为重要、最为关键的价值体现。但由于人们认识的局限和部分地区人们保护意识的薄弱，非法开发、利用野生动物资源，侵占、破坏野生动物栖息地的现象仍然存在，一些野生动物种群仍处于濒危、下降的状态，以致造成不少野生动物种群或物种在地球上消失。面对这一严峻形势，人类应不断认真反思，采取各种有效措施和手段，避免和防止更多的野生动物消失。

1.1.2 经济价值

从人类诞生以来，野生动物就一直是人类社会发展的重要物质资源，不仅为早期人类提供了赖以生存的食物、服饰，并且原始畜牧业就是在不断驯化野生动物的基础上逐步形成的。即使在人类社会科技高度发达的今天，特别是在实施可持续发展、推动人与自然和谐发展的情况下，野生动物作为一种可再生、可发展的资源，其合理利用也会带来巨大的经济效益。传统医药、特种皮革、工艺品制造等众多产业，仍不可缺少这一重要的物质资源。例如，野猪、鹿类等仍在为人类提供肉食，貂皮、獭兔皮、羚羊绒、鳄鱼皮等用来制作服饰，蟒皮等用来制作乐器等。

野生动物养殖在动物园中还可创造观赏价值。我国的大熊猫、金丝猴、东北虎等珍稀动物作为观赏动物，为我国旅游经济带来了可观的收益。近两年，我国动物园相关企业年注册量增长速度加快，2019年注册量为474家，2020年注册量为833家，同比增长了75.7%，达到近十年注册量的高峰期。2018年，我国动物园产业资产规模已达到3400亿元。根

▲ 斑马皮长椅

▲ 上海野生动物园长颈鹿与游客互动

据Swanson T等的研究，卧龙大熊猫自然保护区其生态旅游价值十分可观。可以说人类对野生动物的依赖有增无减。

1.1.3　科研价值

野生动物种类多样、生物特性各不相同，是科学研究的重要试验材料和对象。离开野生动物，许多医学、生物进化和生化技术研究就无法进行。野生动物还常常给人们以科学研究的启迪，如依据响尾蛇热定位功能研制的导弹自动跟踪系统等。仿生学就是在借鉴野生动植物各种生物功能的基础上发展起来的专门学科，对现代科学技术的进步发挥了积极推动作用。对野生动物开展的科学研究，还正在为人类研制新的药品、提高人体抵抗力、治疗疾病等开拓新的途径。人类对野生动物的生存环境和习性加以研究，有利于引发人们对生态环境的思考，提出如何减少环境污染、维持整个生态平衡的措施。远古时代人类同其他野生动物一样都生存于野外，虽经不断进化但仍保留着某些与野生动物相同或相似之处。正因如此，现代科学如手术治疗等方式，以野生动物为实验对象，研究出适合人类的手术方法，从而提高现代的医疗技术，减轻人类的疾病痛苦。当今世界，生物基因研究和开发成果迭出，为人类社会从微观水平解决目前医学上的疑难问题、解决地球所面临的人口和食物安全问题等，提供了新的方向。但如果物种一旦灭绝，该物种所承载的所有遗传信息及其潜在价值都将丧失，以基因多样性为基础的新品种培育将无法开展。

▲ 对野生动物进行多方面科学研究

1.1.4　文化价值

千姿百态的野生动物，还是人类的文化、美学、娱乐观念的重要源泉。人类也正是在追求人与自然和谐相处的过程中，逐步形成了许多与野生动物密切相关的文化传统，并不断创新，谱写出人类文化的灿烂篇章。人类对野生动物的审美意识在古希腊、埃及、罗马等神话中就得以充分展现，那时人类对某种动物往往存在着信仰。如古埃及的狮身人面像就是最好的体现。由于野生动物大多生长在野外，不常与人类接触，使得人们对野生动物存在很大的好奇心理，因此野生动物具有很高的观赏性。野生动物一直都是动物园、森林公园或自然保护区的热门主题，在马戏团更是吸引人眼球的焦点，供人们欣赏。近年又有很多画家和摄影师对野生动物产生浓厚兴趣，从野生动物上获得创作灵感，很多关于野生动物的画作和摄影作品广为流传。不仅如此，野生动物的羽毛、头骨、牙齿等做成的艺术品也广受欢迎，河马牙雕刻而成的工艺品以及孔雀、鸵鸟羽毛做成的装饰品都具有很高的艺术观赏价值。野生动物存在美学价值，还可陶冶人们的情操，丰富人们的情感生活。许多人培育各种观赏性动物，如野生的鱼和鸟等，人们往往在培育过程中产生愉悦的心情，与培育的动物产生美好的情谊。天空中的飞鸟，水底的鱼儿，都会引起我们缤纷的想象；而森林中奔驰的猛兽，浅草中潜行的爬虫，山野中鸣唱的小鸟，它们的姿态、声音、色彩是最完美的自然杰作。因此，保护野生动物，就是有效保护人类文化的源泉，保护人类艺术创造的源泉，从而维系着人类文化的源远流长。

▲ 羚羊角灯

　　基于对野生动物巨大价值的认识，加强野生动物保护、防止物种灭绝、坚持可持续利用，不仅被确立为国际社会重要共识，而且不断深入到社会各个

▲ 羚羊角烛台

领域，成为世界关注的一大潮流。在这一形势下，如何正确处理野生动物保护与狩猎的关系，规范和引导狩猎活动朝有利于野生动物保护的方向发展，同时防范野生动物因种群数量过大而造成农作物及其他财产损失和人身伤害等，必然成为狩猎活动持续开展必须面对的首要问题。

1.2 狩猎基本概念

1.2.1 狩猎定义

（1）狩猎

狩猎是人类通过有目的的追踪、驱赶或诱捕等一系列行为，进行捕捉或者捕杀野生动物的活动。“狩”古代指的是冬天猎捕野生动物；“猎”指的是追逐、捕捉野生动物。狩猎就是指捕杀或者猎取野生动物，俗称为打猎。与采摘和捕鱼一样，是人类自远古以来，不可缺少地从自然界中收获的劳动。现代狩猎是在科学的管理下，人们为了获得猎获物、休闲运动、生产或主动调控野生动物数量而可以保护和持续利用野生动物资源的活动。广义的狩猎还包括猎捕水中的野生动物，如各种鱼类等，又称渔猎。本书中狩猎主要是指猎捕陆生野生动物。

狩猎是伴随着人类的出现而发展起来的。原始狩猎是人类的主要生产手段，一般不分野生动物的种类、大小、公母，见到什么打什么。随着人类的

▲ 冬季俄罗斯贝加尔湖狩猎

进步，古代朴素的自然保护思想开始产生，人们开始有选择地猎捕野生动物。我国古代《逸周书·大聚解》就有“夏三月，川泽不入网罟，以成鱼鳖之长”的记载。在现代，国外狩猎活动已变成了兼顾野生动物及其栖息地保护管理、社区和原住民经济的一种可持续发展的高端娱乐运动，并以此形成了庞大的产业链。我国目前狩猎活动主要为野生动物种群调控型狩猎，是在野生动物保护主管部门的管理和监督下，使用合法的狩猎工具在规定的时间、地点、期限对野生动物进行猎捕的活动。其目的为防控野生动物致害和科学研究，例如各地成立的护农护秋队伍猎捕野猪等野生动物，科研机构活捕候鸟环志等。

（2）猎人

猎人有狭义与广义之分。狭义的猎人是指以狩猎为生的民族或者靠狩猎为主要生活来源的人，如国内外的一些少数狩猎民族，包括我国历史上的鄂伦春族等。随着时代的进步，经济的发展，现在我国已不存在以狩猎为生的民族和靠狩猎为主要生活来源的人了。

▲ 我国少数民族狩猎

广义的猎人是指按照法律的规定从事野生动物猎捕的人员，包括从事野生动物种群调控的专业人员、护农狩猎队的人员和在依法建立的狩猎场按规定进行狩猎的狩猎爱好者等。

1.2.2 狩猎分类

从狩猎发展的历史进程看，根据狩猎目的的不同，大致可以把狩猎分为种群调控型狩猎、生存型狩猎、生产经营型狩猎和运动娱乐型狩猎。目前，我国以种群调控型狩猎为主，国外以运动娱乐型狩猎为主。

（1）种群调控型狩猎

种群调控型狩猎是以调控野生动物种群数量为目的而实施的猎捕活动，目的是有效调控目标野生动物以保护生物多样性和维持生态平衡，不以单纯获得猎获物的多寡为目标。

随着全球人口增长，人类活动范围的扩大，城市、道路、农业、畜牧业等不断发展，野生动物栖息地随之破坏、减少、质量下降和碎片化，生物多样性被破坏，生态平衡被打破。一些物种因为人为的保护或自身优势种群数量快速增长，对栖息地和其他物种造成严重的负面影响，种群的扩大与扩散致使野生动物因为食物、栖息地等因素频繁与人类发生冲突。为了有效调控这些野生动物种群数量，保护生物多样性和维持生态平衡，解决人兽冲突而进行的狩猎，即为种群调控型狩猎，这是我国目前开展狩猎活动的主要形式。

（2）生存型狩猎

人类最初从事的狩猎都是生存型狩猎，即狩猎产品主要是为了满足人们果腹充饥、遮体御寒的需求。生活型狩猎以猎取到尽可能多的猎物为目的，对猎物没有选择，只要有使用价值的猎物都不会放过。远古时代人类每一次狩猎行动都是生命与自然的抗争、与其他物种竞争生存的过程。在人类历史上，绝大部分时间的狩猎都是生存型狩猎。生存型狩猎的猎人一般都是在自己居住的附近地区狩猎。目前，我国已经不存在有组织的生存型狩猎。

（3）生产经营型狩猎

随着现代枪支大量用于狩猎，以及交通运输和食物储存条件的显著改善，出现了生产经营型狩猎。生产经营型狩猎的目的是为市场提供狩猎产品，获得经济收入。生产经营型狩猎往往是一种有组织的行动，只猎取一种或一类猎物，生产效率极高且对猎物资源的破坏极大。例如，生活在北美大草原上的有蹄动物——北美野牛（又名美洲野牛）是北美最大的哺乳动物，成年公牛的体重可以超过1吨。1860年，美洲野牛的种群数量估计为6000万头。由于毫无节制的屠杀，到了19世纪末，整个北美美洲野牛的种群数量仅仅在1000头左右，美国境内只有黄石国家公园内残留了一个野生美洲野牛种群，数量23

▲ 野牛镍币（作为美国五大象征之一的野牛镍币，就是因为大量捕杀美洲野牛，险些灭绝，所以才把一头年迈的老野牛设计到了硬币上，另一面是美国土著印第安人）

只。尤其令人发指的是，杀死野牛后，生产型猎人仅仅剥走牛皮，有时仅仅是为了割取牛舌头，而将整个牛身遗弃在草原上。这种狩猎方式是一种竭泽而渔、杀鸡取卵的利用方式，为了追求最大的经济效益，会在很短的时间内造成野生动物资源的枯竭。人们终于意识到滥杀野生动物会给野生动物带来灭绝性的灾难，因此生产经营型狩猎在历史上只存在了很短的时间。目前，我国不存在生存型和生产经营型狩猎。

（4）运动娱乐型狩猎

随着社会经济的发展，人类不再直接依赖狩猎产品来满足基本物质需求，人们从事狩猎的目的不再是为了单纯获得狩猎产品，而是以运动娱乐为目的，主要是为了在狩猎过程中获得满足感（当然，打到的猎物不会也不应该浪费），即运动娱乐型狩猎。运动娱乐型狩猎是一种非生计、非生产经营、

▲ 猎人在南非进行狩猎，使用现代化的装备并有随行人员提供服务

使人类重新融入大自然的生活方式。运动娱乐型狩猎强调猎人亲身参与狩猎的过程，讲究狩猎过程的质量。运动娱乐型狩猎是当今国际狩猎的主流，它有别于非法狩猎，即违反狩猎法规进行的狩猎，包括在禁猎期、禁猎区、使用禁用工具、对未经许可的物种个体进行狩猎，非法狩猎会对野生动物生存带来威胁。

从广义上来讲，纪念品狩猎也属于运动娱乐型狩猎的一种。这种狩猎的最主要目的，是为了采集和收藏可以展示的猎物产品。猎人在获得相关狩猎资质的前提下，在专业导猎员（猎师）的引导下，猎取具有美学、鉴赏、收藏价值的猎物。由于纪念品狩猎猎物的猎取数量低，价格高昂，可以为野生动物保护提供一定的经济支持。

纵观人类狩猎历史的发展过程，可以发现在当代社会背景下，狩猎的目的已经发生了根本性转变。

1.3 规范狩猎的科学基础

为防止不当狩猎给野生动物种群的持续发展造成损害，就必须首先对狩猎区域开展生态学研究，对狩猎活动开展经济学研究，建立起有利于维护野生动物种群可持续发展和有利于维护当地生态健康的运行机制、管理规则，科学规范地引导狩猎活动的开展。

1.3.1 狩猎生态学原理

根据自然科学理论，完整状态的自然生态系统中野生动物种群具有完善的自我调节机制，确保各种野生动物种群之间、野生动物种群与生境之间处于动态平衡之中，不至出现某种或某些野生动物种群过度增长导致生境破坏等情况。但由于全球范围内人类活动的蔓延，很多自然区域的生态平衡机制已经失效，如果不采取措施对区域内的野生动物种群施以人为调控，就难以制约野生动物种群的繁衍扩大，最终出现种群规模超出生境容纳量、造成生境毁损的严重后果。另一方面，野生动物种群及其生境均具有一定的弹性，在一定程度内的损失能够通过野生动物种群的繁衍或植物的生长得以恢复。基于上述两方面的原因，在特定区域对特定种类的野生动物开展狩猎活动，以生态学视角来看，是可以接受的。

必须强调的是，野生动物种群及其生态系统的弹性是有一定限度的。当人类狩猎活动超出这一限度，就将对野生动物种群及其生态系统造成不可逆的损害。自人类进入工业文明以来，有不少野生动物，如渡渡鸟、袋狼等，就是因为人类的过度狩猎最终灭绝，教训十分惨痛。为防止这一现象的出现，狩猎活动就必须遵循生态学原理，通过科学评估，确定狩猎区域、狩猎物种、狩猎数量、狩猎期限及狩猎方法。种群生态学、种群统计学、生境容纳量和最适猎取量制定原理就是开展上述科学评估的理论基础，简要介绍如下：

（1）*种群生态学*

种群生态学是研究种群内各成员之间、它们与其他种群成员之间，以及它们与周围环境中的生物和非生物因素之间的相互关系的学科，其核心是研究野生动物种群动态，即野生动物种群数量在时间和空间上的变动规律；其具体内容包括该区域内野生动物的种群数量或密度、分布情况、数量变动和扩散迁移趋势、种群调节机制等。通过种群动态的研究，可以了解生物在生态系统中的地位；了解数量的时空动态；提出该区域野生动物种群保护策略。

（2）*种群统计学*

种群统计学是科学评估、统计野生动物种群特征的方法。这类特征多为群体水平上的统计学指标，大致可分为三类：

第一，种群密度，它是种群的最基本特征。

第二，种群初级参数，包括出生率、死亡率、迁入和迁出，这些参数与种群的密度变化密切相关。

出生率指一个种群每年出生的后代数量。最大出生率是理想条件（无任何生态因子的限制作用）下种群内后代个体的出生率。实际出生率就是一段时间内种群每个雌体实际的成功繁殖量。特定年龄出生率就是特定年龄组内每个雌体在单位时间内产生的后代数量。出生率的高低，与生物的性成熟速度、每次生产后代的量、每年的繁殖次数以及胚胎期、孵化期、繁殖年龄长短等有关。

死亡率是在一定时间段内死亡个体的数量除以该时间段内种群的平均大小。这是一个瞬时率。同样，死亡率可分为最低死亡率和生态死亡率，前者指种群在最适环境下由于生理寿命而死亡造成的死亡率，后者是种群在特定环境下的实际死亡率。特定年龄群的特定年龄死亡率是死亡个体数除以在每一时间段开始时的个体数。

迁入是个体由别的种群进入领地。

迁出是种群内个体离开种群的领地。

第三，种群次级参数，包括性比、年龄结构和种群增长率等。

（3）生境容纳量

生境容纳量是指在一定空间范围内，野生动物生活的环境所能够维持的特定质量的最大种群饱和数量。

这里的环境包括各种限制动物增长的因素，既有生境的食物、水及隐蔽三要素，也有种群自身的密

▲ 狮子在生境中活动

度限制和人类的影响。而所谓特定质量，则是考虑了人为的管理目标后环境所应承受的能力。如果不考虑人为管理目标，则容纳量亦可简单定义为：动物环境所能维持的最大种群数量。

野生动物的种群数量在超过容纳量时，环境就难以维持其数量；通常表现在食物供给不足、隐蔽条件下降、野生动物个体质量下降、繁殖力降低、死亡率增加等。从而会导致动物种群数量的下跌，减到低于容纳量，又可能数量复升，从而出现数量的波动。

马建章等在狩猎剩余原理中指出：很多繁殖潜力大的狩猎动物，种群的年增长和死亡量都很大，但两年春季时的数量基本是相等的。此时，即使没有狩猎，增长的部分也不会维持到下一年。如果我们能猎取这个自然死亡中的一部分，对种群非但不会破坏，而且还能得到很大的经济效益。那么这部分猎取量就称狩猎剩余量，即不会影响下一个繁殖季节种群大小的猎取量。

补偿性死亡是指种群个体的死亡方式可以互相替代。野生动物死亡的许多原因往往是补偿性的。例如，某一种群因被捕食而导致数量降低，那么通常该种群中很少有个体死于疾病或饥饿。考虑狩猎因素的话，如果不因狩猎导致一定数量的动物死亡，那么同样数量的动物可能会死于饥饿、被天敌捕食或疾病，种群数量依然会在下一个繁殖季节以前基本保持稳定。而且，狩猎虽然降低了某一动物种群的数量，但是由于狩猎使得该种群内个体对食物等资源的竞争降低，从而使得种群出生率增加，死亡率降低，种群增长率提高。种群的高增长率导致种群增加的数量超过种群自然死亡的数量，超过部分可能成为被捕食的对象，也可能成为猎人狩猎的目标。如美国知更鸟，即使不被狩猎，其种群也不可能无限增长。绝大多数年份，美国知更鸟因被捕食、疾病或其他原因而死亡的种群数量基本上等于下一个繁殖季节的繁殖数量。由此可以看出，如果狩猎引起的死亡是补偿性死亡，狩猎对种群基本无影响。

（4）最适猎取量制定原理

国家或地方政府必须针对每种野生动物资源的现存量、种群增长状况，制定猎取量。猎取量的制定在理论上是确定该动物物种的最大持续产量（Maximum Sustainable Yield, MSY），即可供猎取而不影响种群原有数量基数的剩余生产量。但在实际制定中，还应考虑眼前和未来利益比重的资源产量，即最适持续产量（Optimum Sustainable Yield, OSY），可由下式得出：

$$Q=rN\left(\frac{K-N}{K}\right)$$

式中：Q为最适猎取量；

r为种群增长率；

N为该环境中的最优种群数量；

K为环境容纳量。

最适猎取量既要有全国性的总体标准，也应有针对狩猎场（区）的具体标准，既可操作，又可宏观调控。最适猎取量在我国即为法律上规定的猎捕量限额。

1.3.2 狩猎经济学原理

野生动物具有生态、经济、科研、文化四方面的价值，但并不意味着这四方面的价值都能按照传统的市场机制进行交易、获得回报。例如，野生动物的生态效益属于共用品，有两个主要特征：非竞争性和非排他性，从而导致“市场失灵”。野生动物的非竞争性是指其社会、生态效益被人消费，但并不妨碍或影响别人对它的消费；野生动物的非排他性是野生动物保护者无法排除他人免费享用野生动物的生态效益和社会效益。而且，野生动物是公有资源，个体缺乏根本的保护动机。人人都想成为一个“搭便车”者。在这一背景下，只有当市场这只“看不见的手”使得个人收益与社会收益相一致时，市场机制才是有效的。显而易见，个体会选择成本最低的方式来获得最大的收益。此时，由于个人成本与社会成本相一致，个人收益与社会收益相一致，即个人在追求自身利益最大化的同时，获得了最大的社会效益。正如亚当•斯密所说，每一个个体既不打算促进公共利益，也不知道他正提升多少公共利益。个体在乎的是他的收益与保障，他被一只看不见的手所引导，最终达到的结果并非他自己的意图。个体通过追求自身的利益来促进社会效益，往往比他真正打算促进社会收益时更为有效。

野生动物的全部价值难以通过传统的市场机制收到回报，但野生动物保护需要长期的投入或其他成

▲ 猎人的狩猎活动促进了当地就业和野生动物保护工作

本。例如，为保护野生动物，必然对周边公众开发土地、采伐森林等经济活动加以限制，就是周边公众付出的隐形成本。在这一情况下，保护野生动物就面临两种选择：一是通过政府投资或社会捐助等途径，确保对保护的投入和对周边公众的间接经济损失等其他成本予以补偿；二是在保护生态学允许的范围内适度利用资源获得收益，作为保护投入和其他成本补偿的资金来源。在这两种选择之中，后者不仅能有效减轻政府财政负担，并能带动公众参与保护，毫无疑问受到许多国家政府，尤其是非洲等经济欠发达国家政府的偏好。然而，采用第二种方法必须具有必要的条件，才能达到预期的目的和结果。根据狩猎经济学研究成果，在满足以下三方面条件的情况下，适度的狩猎活动确实可以有效促进野生动物保护。一是在野生动物保护生态学允许的范围内，将狩猎数量与保护成效密切关联，即保护成效越佳，允许狩猎数量就越多，获得的收益就越高；二是狩猎价格不能仅局限于野生动物的经济价值，还必须与休闲娱乐、猎获物处理等服务相结合，尽可能将野生动物的生态价值、文化价值等体现出来，推高狩猎收益，才能涵盖保护投入和其他成本等支出；三是建立公正、公平的狩猎收益分配机制，确保利益各方获得心理上相对满意的收益，才能确保保护管理、狩猎服务等工作长期、持续、协调得以进行。上述方法的实质是，以效益为中心，在生态学允许的范围内妥善处理野生动物保护和利用的关系，通过适度的狩猎利用，实现个人收益和社会收益的相互促进，鼓励当地居民参与野生动物保护，并将野生动物种群的增长视为其财富，而不是阻碍其生活改善的障碍或负担，实现野生动物保护与当地社会经济的协调、可持续发展。从20世纪以来，全球越来越多的国家实施了上述政策，取得了十分明显的成效；即使在狩猎收益难以完全覆盖保护投入或成本的部分区域，上述政策也作为资金补充渠道对保护产生了十分积极的促进作用，被普遍视为保护激励政策。

总之，野生动物分布区的周边社区及居民对野生动物的态度，是保护能否实现预定目标的关键因素。在人类普遍关注经济状况的背景下，把野生动物保护与商业性狩猎活动相结合，使周边社区公众从中获得收益，是激励其支持保护、参与保护的有效措施。全世界许多国家在这方面的成功实践表明，合理、适当运用上述激励机制，不仅可有效引导当地居民自觉停止猎杀野生动物、开垦野生动物栖息地等不当行为，并且许多区域的当地居民还自觉对生境进行恢复和改造，其成果是野生动物种群得以不断增长、生境日益改善、居民生活水平也得以提高，实现社会、经济、生态可持续发展的运行体系。基于这一在全世界广泛收获的成效，可以说，猎人参加价格高昂、组织规范的狩猎活动，不仅不是野生动物保护的对立者，而且是野生动物保护的支持者和促进者，可以有充分理由感到自豪。

1.4 狩猎管理

狩猎生态学、狩猎经济学理论和人类狩猎的经验教训，都强调说明了一个深刻的道理，就是不加节制、无序的狩猎活动不仅将严重损害野生动物种群及其生态系统，甚至导致物种灭绝的惨痛后果；而科学、规范、机制完善的狩猎活动，则可以合理调节野生动物种群结构，为保护筹集资金，给周边社区居民增加收益，从而激励保护持续地进行。因此，对狩猎活动实施管理成为当今世界的共识，并且成为许多机构、学者的研究主题。1933年，美国威斯康星大学林学教授奥尔多·利奥波德（Aldo Leopold）出版了《猎物管理》一书，标志着现代野生动物管理的问世。在此以前，所谓的野生动物管理就是对狩猎施加越来越多的限制：狩猎季节不断缩短，狩猎限额越来越少，允许使用的狩猎工具越来越少。利奥波德提出，只要对猎物的种群和栖息地进行主动、科学地管理，可以生产出足够的野生动物产品，满足人类不断增长的娱乐需求。

从世界范围看，许多发达国家的野生动物管理从早期的保护和合理利用阶段已经进入到恢复和扩大资源阶段。野生动物管理的根本目的是在于阻止和避免自然界中任何一个物种由于人类的过失而灭绝或濒危。目前，野生动物管理的各种制度和技术已经非常完善，可以在保障生态平衡的前提下持续进行狩猎，合理利用野生动物资源。

1.4.1 管理制度

为确保狩猎活动在科学的轨道上规范运行，以实现野生动物保护与社会经济的协调、可持续发展，世界各国先后探索建立了各具特点的管理制度，归纳起来主要有两种方式：一是许可证制度，二是猎区制度。

（1）许可证制度

许可证制度的核心是要求猎人持证狩猎。大部分国家设立的许可证制度中包括两种证件：一是猎人证，表明公民具有了狩猎的资格。猎人证长期有效，不需要每年更换。二是狩猎证，主要是对持证人允许狩猎的野生动物种类、数量、时间、地点以及使用的狩猎工具和方式作出规定。狩猎证需要每

▲ 雁鸭类鸭票（美国猎人可以购买鸭票，在规定的时间内进行狩猎）

年申领，在规定的期限内有效。在大部分国家，猎人需要获得两种许可证才能狩猎，也有的国家将两种证件合二为一。世界各国核发上述许可证的机构各不相同，有的由野生动物管理机构核发，有的由专业组织核发，还有的以政府出售的方式发放，如美国联邦政府雁鸭类鸭票（猎票）就是以出售方式发放，但仅限持有狩猎执照的猎人购买。

实行许可证制度的基础是野生动物资源的公有制，而且政府对私人土地上的野生动物也拥有管理权。在许可证制度下，政府承担所有的狩猎管理责任，如狩猎野生动物资源调查、狩猎野生动物种类、年度限额和狩猎工具方法的确定、猎人管理、查处偷猎和其他非法活动等。

许可证制度体现了民主公平的原则，因为所有的公民都有狩猎的权利，政府不得限制。

（2）猎区制度

猎区制度实行猎人自我组织、自我管理的机制。在猎区制度下，猎人成立猎人协会，来管理一片区域（称为猎区）上的狩猎活动。猎人协会拥有的并不是猎区的土地所有权，而是狩猎管理权。狩猎管理权可以是协会自己所有，也可以从私人和国家手中租赁。猎区制度在世界上最为普遍。

如果把许可证制度比喻成计划经济，那么猎区制度就相当于承包责任制。猎人协会是一个经营实体，自己负责猎区内的狩猎管理，如猎物资源调查和监测、组织狩猎、销售狩猎产品、提供服务和检查监督会员的行为表现。猎区不仅在经济上自负盈亏，还要赔偿猎区内由野生动物及狩猎造成的农业、林业损失。

猎人协会一般会聘任专职的猎物管理员，来负责猎物资源调查。在每年狩猎季节开始之前，猎人协会会根据猎物管理员收集的信息，制订一个年度狩猎计划，包括猎物种类、限额、猎期和价格，报政府管理部门批准后，自己组织实施。

猎区一般有最小面积的限制，也就是说，一个地区能够容纳的猎区数量是有限的。因此，猎区制度可以有效地控制猎人的数量，减少狩猎的压力。猎区管理与猎人自己的利益直接挂钩，能充分发挥猎人的主人翁意识和积极性，猎物资源利用率高，经济效益明显。猎区制度广为人们所诟病的，是它的“排外”性质。因为只有猎人协会的会员才具有在猎区内狩猎的权利。

1.4.2 狩猎管理技术

狩猎管理的基本原则，是确保野生动物的猎捕量低于其种群自然增长量，实现资源的永续利用，维护野生动物种群的生态作用。这个原则说起来很简单，但在实际中，需要组合运用众多的技术和工具。有哪些种类可以狩猎，可以狩猎多少，狩猎指标怎么分配，允许使用的狩猎工具和方法，狩猎地点和时间，狩猎的组织、检查和监测等，都需要有相应的技术为基础才能得出科学合理的结论。

（1）确定允许狩猎的猎物种类和数量

在每年的狩猎季节开始前确定允许狩猎的猎物种类和数量，是控制年猎捕总量的最基本的方法。根据猎物资源数量和管理目标，灵活地调整猎物种类，就可以实现与划定禁猎区相同的管理效果。还可以根据管理目标，设定对猎物性别和年龄的限制。

每年每种猎物允许狩猎的数量，就是我们常说的年度狩猎指标或者猎捕量限额。狩猎指标的确定，取决于我们的管理目标。但针对危害农业、林业生产的野生动物，就需要增加年猎捕指标，使它超过年增长量，从而实现降低种群数量的目标。

在过去，我国虽然也采用了许可证制度，但由于缺乏猎物资源翔实数据，实际上无法提出每年猎物种类和数量，而只能要求猎人不得捕杀国家保护的野生动物。由于受法律保护的野生动物种类繁多，特别是有些种类在野外鉴别很困难，目前国际流行的是“反向名单”法，即在狩猎证中明确猎物种类和数量，并且把允许狩猎的种类和总量控制在远低于保护要求的范围内，即使出现误猎现象也不至对种群造成灾难性影响。

（2）控制猎人证的数量

在许多国家，狩猎即使被视为公民法定权利，也仍须依照法律法规的要求限制猎人证的发放。这一措施一方面旨在控制允许狩猎的猎人数量，以防止狩猎数量过大等现象。另一方面，则是对每年的猎捕野生动物指标实施控制，尤其是一些数量稀少的大型猎物，更是僧多粥少，难以满足猎人的需求，出现一证难求的局面。

在需求超过供给的情况下，通常是采取先来先得、抽签、提高猎物价格或拍卖的方法，来公平地分配有限的狩猎指标。

（3）限制狩猎期的长短和时间

在正常的情况下，狩猎期越长，猎捕量就越多。对数量特别丰富、猎人兴趣不大的猎物种类，要适当地延长狩猎期，增加猎捕量。狩猎期的时间也可以影响猎捕量。例如，水禽是迁徙物种，只在特定的时间内出现，如果把狩猎期设定的水禽集中到来的时间段内，自然会增加猎捕量。反之，如果把狩猎期设定在水禽迁徙季节的头尾时段，即使狩猎期的长度不变，但猎捕量会显著地减少。狩猎期可以是连续的，也可以是间断的。

（4）限制单个猎人的猎捕量

狩猎证规定了一个猎人在每个猎季可以猎取野生动物的总量，但对某些特定的猎物，特别是成群生活的猎物种类，还可以设定限制每个猎人每天的狩猎限额，这样能避免少数猎人消灭整个猎物种群的情况，使更多的猎人能够分享狩猎的机会。

（5）限制每天狩猎的时间

一般禁止夜晚狩猎，这主要是出于安全的考虑。因为晚上光线不好，难以看清猎物和射界，容易发生狩猎事故，也不容易搜寻受伤逃逸的猎物。

（6）规定禁止使用的狩猎工具和方法

此类限制很多，因地而异，难以详述，但主要目的是减少猎物的痛苦，避免误伤非目标猎物种类，消除对人畜的危险。如禁止夜晚使用灯光照明狩猎，不得使用猎套、铗子、炸药、毒药等工具，猎取中型或大型兽类时规定步枪的最小口径，来确保杀伤力。有些规定是出于“公平角逐”的原则，即猎人显示君子风范，给猎物创造逃逸的机会，有意识地增加狩猎的挑战性和娱乐性，如不射击停在树上的鸟类，不得从汽车上射击，也不得使用汽车和飞机等机动工具追逐猎物，不使用诱饵吸引猎物等。

（7）猎物标记

在很多国家或地区，猎人在捕获某些猎物特别是大型猎物后，必须要前往专门的猎物检查站进行登记，记录猎物的性别、年龄、数量和猎捕地点，同时也可以进行其他科学研究，如取样，并在狩猎证上记录，注销猎物指标。登记后的猎物要加上标记物，表示是合法猎取的，才可以运输和占有。

1.4.3 野生动物保护和狩猎管理组织体系

野生动物保护公益性强，不可能通过市场机制来实现。世界各国均将其纳入政府行政管理内容，并建立相应的管理体系。所不同的是，大多数国家对野生动物保护和狩猎管理由同一部门实施，也有少数国家，如德国、俄罗斯等，将野生动物保护与狩猎管理分部门实施。此外，由于狩猎活动专业性强、涉及环节多、管控力度大，开展狩猎活动国家几乎都建立了相应的专业组织或团体负责狩猎活动的协调，国际上还成立了专门的国际性组织或团体，确保行业内有序分工、统筹安排，以提高全行业的规范化水平。

（1）我国相关组织体系

①野生动物保护管理主管部门

我国的野生动物保护工作采取的是分部门管理体制，即林业草原、渔业主管部门分别主管陆生、水生野生动物保护工作，即林业草原部门主管陆生野生动物保护工作，渔业部门主管水生野生动物保护工作。

对于两栖类野生动物，林业草原、渔业主管部门在管理和保护工作中经过长期沟通协调，已通过国家重点保护野生动物名录等作了具体划分。

②野生动物保护管理层级

我国的野生动物保护工作采取分级管理的体制。国务院野生动物保护主管部门主管全国的野生动物保护工作。国务院野生动物保护主管部门是指国务院林业草原、渔业主管部门。其中，国务院林业草原主管部门有关野生动物保护的职责主要包括：一是组织开展陆生野生动物资源的调查、动态监测和评估，并统一发布相关信息；二是组织、指导陆生野生动物资源的保护和合理开发利用，拟订及调整国家重点保护的陆生野生动物名录，报国务院批准后发布；依法组织、指导陆生野生动物的救护繁育、栖息地恢复、疫源疫病监测，监督管理全国陆生野生动物的猎捕、人工繁育、经营利用，监督管理野生动物进出口，承担濒危物种进出口和国家保护的野生动物出口的审批工作；三是负责野生动物类型自然保护区的监督管理，依法指导野生动物类型自然保护区的建设和管理，按分工负责生物多样性保护的有关工作；四是监督检查各产业对陆生野生动物资源的开发利用。

县级以上地方人民政府对本行政区域内野生动物保护工作负责，其林业草原、渔业主管部门分别主管本行政区域内陆生、水生野生动物保护工作。县级以上地方人民政府林业草原主管部门依法主要承担下列保护职责：一是对陆生野生动物栖息地状况进行调查、监测和评估，建立陆生野生动物及其栖息地档案；二是监视、监测环境对陆生野生动物的影响，会同有关部门调查处理环境影响对陆生野生动物造成的危害；三是组织开展陆生野生动物收容救护工作；四是按照职责分工对陆生野生动物疫源疫病进行监测，组织开展预测、预报工作，制定陆生野生动物疫情应急预案，并报同级人民政府批准或备案，负责与人畜共患传染病有关的动物传染病的防治管理工作；五是依据有关规定负责国家二级陆生保护野生动物特许猎捕证和非国家重点保护野生动物狩猎证的审查发放工作，负责国家重点保护陆生野生动物人工繁育许可证的审查发放工作，负责出售、购买、利用国家重点保护陆生野生动物及其制品的审批和专用标识的发放工作，负责外国人对国家重点保护陆生野生动物野外考察和野外拍摄电影录像的审批工作；六是开展国家重点保护陆生野生动物放归野外环境工作；七是对科学研究、人工繁育、公众展示展演等利用陆生野生动物及其制品的活动进行监督管理；八是按照规定处理依法没收的陆生野生动物及其制品；九是依法审批陆生野生动物及其制品的进出口工作。

③中国野生动物保护协会（CWCA）

1983年12月23日，经国务院批准，中国野生动物保护协会（China Wildlife Conservation Association，CWCA）在北京成立。其宗旨是推动野生动物资源的可持续发展，主要任务是推动野生动物保护的科普宣传教育，开展国内外学术交流和科学研究，促进野生动物保护的国际合作，为野生动物保护募集

▲ 中国野生动物保护协会会徽

资金。1984年加入国际自然保护联盟（IUCN），目前全国有778个省、市、县级协会，会员41万多人，是国内最大的生态保护组织。

多年来，中国野生动物保护协会（以下简称协会）成功组织了以大熊猫为代表的珍稀野生动物国际交流活动，增强了世界对我国的了解，促进了我国人民和各国人民的友谊。协会始终把广泛发动群众，提高公众生态保护意识作为工作的出发点，坚持开展“爱鸟周”“保护野生动物宣传月”等品牌活动，普及野生动物保护知识，努力提高全民的科学文化素质和生态保护意识；不断壮大会员队伍，吸引更多的社会力量投身生态保护事业，为生态保护事业组建了一支全国最大的生力军；围绕各个时期的林业草原中心工作和野生动物保护任务，积极开展各种活动，广泛发动群众，组织专家学者献计献策；组织开展野生动物的科技交流，促进学科的发展和科技人才的成长，提高野生动物保护科技水平。

④中国野生动物保护协会野生动物种群调控委员会

中国野生动物保护协会野生动物种群调控委员会（China Wildlife Conservation Association Wildlife Populations Control Committee，CWCAWPCC），于2017年9月13日成立（当时的名称为中国野生动物保护协会保护与狩猎规范委员会，以下简称委员会），隶属于中国野生动物保护协会（CWCA），是中国野生动物保护协会负责野生动物种群调控工作的专门委员会和中国野生动物保护协会的二级机构，受国务院野生动物保护主管部门的指导和监督，按照中国野生动物保护协会章程和委员会工作规则开展工作。

委员会是由从事野生动物保护管理、种群调控和狩猎科学技术研究、狩猎场所经营、种群调控和狩猎活动组织及代理、狩猎装备生产经营、种群调控和狩猎教育培训、野生动物标本制作等后续服务活动的机构和相关行业代表、人员及专家自愿组成的非营利性专业机构。

委员会的宗旨是遵守宪法和法律，弘扬生态文明建设理念，树立科学的野生动物保护与猎捕观念，传播先进的保护与狩猎文化，提高从业人员素质，规范保护与猎捕行为，促进行业交流与合作，强化行业自律，发挥野生动物种群调控在野生动物保护中的重要作用，保障野生动物保护与狩猎事业健康发展。

委员会的任务是引领中国野生动物种群调控和狩猎行业的健康可持续发展；正确引导社会公众对野生动物保护、种群调控和可持续狩猎的认识；保障猎捕人员以及狩猎组织的合法权益；彰显生态文明的原则，突出野生动物种群调控的积极保护功能。

（2）国际主要狩猎组织

①国际狩猎和野生动物保护理事会（CIC）

国际狩猎和野生动物保护理事会（International Council for Game and Wildlife Conservation，CIC，以下简称理事会）成立于1928年，目前的注册地点是奥地利，总部设在匈牙利的布达佩斯市。

理事会是一个国际非政府、非营利机构，由国家

▲ 国际狩猎和野生动物保护理事会会徽

会员、团体会员和个人会员组成，宗旨是倡导可持续利用野生动物资源。

国家会员通常是各国负责野生动物管理的部门，团体会员是国内和国际科研机构和狩猎组织。理事会现有来自全球86个国家的1500多个会员，其中国家会员39个。每个国家的会员会组成一个国家代表团，与理事会进行联系。

▲ 中国野生动物保护协会与国际狩猎和野生动物保护理事会签约仪式

从职能上看，理事会主要是一个独立的咨询机构。因此，它的结构也比较简单，下设政策和法律、应用科学和文化三个委员会，青年会员组（35岁以下的会员）和阿尔忒弥斯（古希腊神话中的月亮女神）俱乐部（妇女工作组），以及迁徙鸟类、大型猎物、热带猎物、环境问题和文化遗产专家组。

理事会每年召开一次年会，和美国国际狩猎俱乐部年会不同的是，在理事会的年会上基本没有商业性活动，因此规模很小，主要是围绕会员组织的活动。

②国际狩猎俱乐部（SCI）

国际狩猎俱乐部（Safari Club International，SCI）成立于1972年，总部设在美国亚利桑那州的图桑市。国际狩猎俱乐部现有会员55000人，来自世界106个国家；下属190个分部，除了美国的50个州外，在世界其他18个国家也有分部。

▲ 国际狩猎俱乐部会徽

国际狩猎俱乐部是猎人自我服务的机构，主要的功能是：在国内和国际上宣传，维护和捍卫狩猎从业者的权利；开发新的狩猎场所和品种；开展猎人教育，特别注意青少年教育；组织狩猎竞赛、评比、奖励；为猎人提供信息服务；编撰和更新猎物记录，制定猎物测量标准；维护更新猎物数据库，记录会员狩猎猎物的时间、地点、猎物尺寸，以及对狩猎服务公司的评价。

国际狩猎俱乐部每年召开一次年会，时间是1月底到2月初，地点是在美国的拉斯维加斯或者里诺。国际狩猎俱乐部年会是狩猎界的一个盛典，活动纷呈。总部要在年会上汇报工作，举办各种表彰、评比和颁奖活动，选出当年的杰出猎人、最大猎物等各种奖项，举办拍卖会。各分部也借这个机会组织活动，宣传自己，加强横向交流。同时，年会也是一个供销见面的贸易洽谈会，届时来自世界各地的猎场、狩猎服务公司、枪弹制造商、标本制作商、工艺品制造商聚集在一起，展示自己的产品和服务，猎人也会积极寻找自己感兴趣的狩猎活动。

2012年2月1～4日，国际狩猎俱乐部第40届年会曾在美国内华达州拉斯维加斯市举行。参加人员达到了创纪录的23267人，会址占地面积超过10万平方米，有2200个展位。

▲ 国际狩猎俱乐部年会

国际狩猎俱乐部于1999年成立了一个国际狩猎俱乐部基金会，负责资助和管理世界各地的保护项目。自基金会成立以来，已在全世界资助近150个保护项目，资助金额4700万美元。

③欧洲狩猎和保护协会联盟（FACE）

欧洲狩猎和保护协会联盟（The European Federation of Associations for Hunting and Conservation，FACE，以下简称联盟）成立于1977年，是一个国际非营利、非政府组织。只有欧洲理事会成员国的官方狩猎（猎人）组织才能成为它的会员。目前联盟有36个国家会员，包括欧盟的所有27个成员国，代表着欧洲700万猎人，是世界上最大的猎人组织。凡是正在申请加入欧盟的国家的狩猎协会，可以作为候补会员，但没有选举资格。国际机构也可以作为候补会员，如美国的国际狩猎俱乐部基金会。

联盟的组织机构比较独特，它的权力机构是董事

▲ 欧洲狩猎和保护协会联盟会徽

会，董事会由13名成员构成，包括1位主席、10位副主席、1名秘书长和1名财务官员，但后两者没有表决权。每届董事会任期三年，由联盟成员国年会选举产生，每个成员国都有一票。

联盟在欧洲层面如欧盟部长会议和欧洲议会以及国际层面上代表和维护猎人的利益，倡导在自然资源可持续利用和生物多样性保护的前提下开展狩猎。狩猎是野生动物保护和管理的重要内容，也是栖息地管理和恢复的重要措施。狩猎还是重要的乡村社会经济活动，它不仅增加了生物多样性的价值，而且保障生物多样性继续受到保护。

在2007年制定的《欧洲狩猎和生物多样性宪章》中，联盟提出了“可持续狩猎”的概念，即对野生动物及其栖息地的利用不应导致生物多样性的破坏，或妨碍生物多样性的恢复。这种利用能够保持生物多样性满足当代和未来需要的潜力，并作为一种被普遍接受的社会、经济和文化活动延续下去。按照这种可持续方式进行的狩猎，对野生动物种群及其栖息地的保护和社会都会产生积极的贡献。

④国际猎人教育协会（IHEA）

国际猎人教育协会（The International Hunter Education Association，IHEA，以下简称协会）是由美国和加拿大67个州（省）的野生动物保护机构的猎人教育部门和7万志愿辅导员组成，附属于州（省）的野生动物管理机构，从机构性质上来说，是一个非营利组织。

从20世纪40年代开始，美国开始实施强制性猎人

▲ 国际猎人教育协会会徽

教育，即一个人必须首先参加猎人培训并获得结业证后，才能获得猎人证，具备狩猎的资格。目前，美国和加拿大的所有州（省）都实施强制性猎人教育，州（省）的野生动物管理机构都设置了猎人教育部门，不过，这些部门仅负责猎人教育的管理、组织考试和颁发证书，具体的培训活动是由遍布各地的志愿辅导员实施的。

协会的宗旨是通过培养安全、负责任和有知识的猎人，在全世界延续狩猎传统。采取的措施是，提高狩猎活动中的安全与责任意识，加强狩猎教育，改进并提高猎人教育专业人员和志愿教师的专业水平和技能，提升猎人的公共形象。

协会每年培训人数高达65万。从1949年以来，接受过培训的猎人累计4000万人。开设的培训课程涉及枪支安全、弓箭狩猎、野生动物管理、猎物产品的野外处置、猎人责任与道德、与土地所有人的关系、野生动物鉴别。

猎人培训的结果，使狩猎的人员伤亡事故率大大减少，有的地区减少了90%以上。在公众心目中，狩猎已经成了一项安全的野外活动，而且越来越安全。

⑤南非职业猎人协会（PHASA）

南非职业猎人协会（Professional Hunters Association of South Africa，PHASA，以下简称协会）。

协会的“职业猎人”是指为猎人提供技术服务的猎师，也就是我们所称的导猎员。在非洲狩猎中，猎师扮演着非常重要的角色，他们要陪伴猎人狩猎，寻找猎物，确定能否开枪射击。猎师另外一个很重要的作用，就是制止猛兽特别是受伤后的猛兽反扑，确保猎人的安全。

非洲是纪念品狩猎的发祥地，而南非又是非洲最重要的狩猎国家，接待的国际猎人数量和猎取的猎物数量与非洲所有其他国家的总数相同。南非职业猎人协会成立于1978年，是南非共和国国内的职业猎师和狩猎服务公司的行业组织，由正式会员、普通会员、附属会员、国际会员和团体会员构成。协会对正式会员的要求很严格，只有在南非共和国国内注册的职业猎师或狩猎服务公司才能申请成为正式会员，只有正式会员才拥有表决权。没有资格申请正式会员的人或团体只能申请其他类型的会员。目前协会共有各类会员1100余个。

南非职业猎人协会是一个行业管理组织，其宗旨是维护协会与会员的利益和良好声誉，提倡和维护南非境内的持续狩猎。协会还负责所有涉及专业狩猎、保护和相关活动事宜与国家和地方政府接触。协会的另外一个职能是监督和审核会员的广告，受理客户对会员的投诉，维护协会的声誉。

▲ 南非职业猎人协会会徽

1.5 狩猎文化

早在人类尚处于部落阶段的蒙昧时期，一直到人类社会农业文明的漫长历史进程中，狩猎都是人类的生存手段之一。由此形成、积累的狩猎知识、狩猎习俗必然深刻融入于人类的记忆和传统之中，成为独特的狩猎文化。考古学材料证明，蒙古高原岩画的上限可推定到新石器时代初期或更早些。从岩画反映的内容看，早期岩画（距今一万至四千年）中，以各种野生动物最多，其次是狩猎场面，还有舞蹈崇拜画面。这是古代北方民族的经济文化类型、生活方式、宗教信仰的形象而真实的反映。古代北方民族在特定的生态环境中创造了自己的文化，同时也创造了自己的文化价值。在从《巴丹吉林沙漠岩画》中可知的几万幅岩画中，有狐、狼、虎、豹、野马、野驴、家马、岩羊、盘羊、山羊、羚羊、藏羚、绵羊、黄羊、梅花鹿、马鹿、麋鹿、驼鹿、狍、野猪、家牛、双峰驼、单峰驼、野兔、大角鹿、野牛、鹰、蛇、羚牛、白唇鹿等多种动物岩画。岩画中，之所以以动物作为题材的画面占有很大的比重，是因为这些动物是他们生活的主要来源。从岩画看，狩猎生产是北方先民的重要生产活动，它给先民们开辟了广阔的活动领域和食物来源。狩猎不仅给人们提供食物，还能提供其他必要的生产资料，如兽类的毛皮是人们御寒遮体的衣料；其骨、角是制造生产工具和武器的重要原料，脂肪是照明的燃料等。在岩画中，狩猎的方式有围猎、双猎和单猎。围猎是一种有组织有秩序的集体狩猎活动。乌拉特中旗的一幅岩画生动地刻画出了这种场面。这是一幅规模宏大的围猎场面，有9个猎人围成一个扇面形，围猎众多的野羊、野马等动物，其中有7个猎人执弓搭箭，有一个猎人手执一动物，有一人赤手空拳，扬起一手，似乎在呐喊指挥。双人猎是二人同时打一只动物，要相互配合。单人猎，或一人持弓对准前方一大群动物，或一人只对准一只动物，或只见执弓搭箭的猎人，而无射猎对象。还有的没有猎人，只见一张带箭的弓对准一只动物。北方先民这种文化及其价值观念是在狩猎生活环境中形成的，动物是他们狩猎生活的必需品，是他们文化原型中的主要文化特质。

▲ 清朝围猎图

在先民的生态保护意识、行为、习俗和风尚当中充满了丰富的民间智慧、地方性知识和生态习俗的内容。狩猎时不得射杀或惊吓受孕的动物。围猎结束后，一般把不同种类的雌雄动物双双放生，避免动物绝种。如《吕氏春秋·孝信览·义赏》篇中说："竭泽而渔，岂不多得？而明年无鱼，焚薮而田（打猎），岂不得多？而明年无兽。"在我国的历史发展过程中，先人很早就已认识到并自觉地处理好人与野生动物的关系。它不仅要保障人们的生产生活资料所需所用，而且要保持其长久的利用，体现了原始的持续利用发展理念。即使在现代游牧渔猎民族生存的地方，仍然能够存在自然形成的天然生态保护区，它不仅仅保护了生物多样性，而且还能促成文化多元性游牧生态文明的产生，是游牧渔猎民族优良的文化传统，不仅为人类社会发展进步作出过巨大的贡献，并已成为当今世界最珍贵的人类文化资源、遗产和财富，还蕴含着丰富、科学的可持续性发展思想。

1.6 狩猎效益

人类高度文明的今天，除少数经济十分落后的地区外，世界各国有组织开展的狩猎活动大多已转向保障生态平衡下的种群调控型和运动娱乐型狩猎，并受到严格、规范、科学的管理，以充分发挥狩猎的正面效益，主要体现在生态效益与经济效益两个方面。

1.6.1 狩猎的生态效益

随着狩猎生态学研究的深入，世界各国从20世纪先后开始对狩猎活动实施科学的引导和规范，通过限定狩猎区域、猎物种类及数量、狩猎期限及方式等措施，发挥狩猎活动对野生动物种群结构的调控作用，收到明显成效。

（1）狩猎对野生动物种群的影响

狩猎势必对作为猎物的野生动物种群产生直接影响。但如果狩猎活动是严格按科学要求进行限量的选择性猎杀，则可达到改善种群结构、更有利于种群健康增长的目的。例如，在津巴布韦，几千年以来，狮子一直被作为牲畜的袭击者和运动狩猎的猎物被捕杀。由于适宜栖息地的丧失，狮子分布的地理范围已大大缩小。只存在于非洲东部和南部，并且只存在于保护区。洛夫里奇（Loveridge）等于1999—2004年间在津巴布韦西部的万基国家公园（Hwange National Park）做了一项关于非洲狮的生态学研究，通过无线电遥测和直接观测的方法评估公园外运动狩猎对公园内狮子种群的影响。研究期间，洛夫里奇（Loveridge）等共捕捉标记了62头非洲狮，有34头狮子死亡，其中24头被猎杀，包括13头成年雄性、5头成年雌性、6头亚成年雄性。狩猎者猎杀了72%的标记成年雄性，其中超过30%为亚成体（＜4岁）。研究发现，1999—2004年幼狮的雄性和雌性比从1∶2.6增长到了1.5∶1；尽管种群中每头雌狮的幼仔数从1999年到2002年有所下降，总体幼仔数在2003—2004年间有所增加。在2001—2003年间，雄性狮子的猎捕量增长了两倍，因此导致了种群中成年狮子雄性和雌性比由1∶3下降到1∶6。由于水槽效应（水槽效应：在环境中野生动物种群数量尚未得知或无法得知时，当狩猎区内的野生动物种群因狩猎而密度降低时，周围未狩猎区域的动物将会向狩猎区扩散，在短时间内恢复种群数量。在保护区面积比例适当的情形下，这种镶嵌式的狩猎制度设计将可避免过度的利用，狩猎量可以相对稳定。），公园中心处迁移过来的雄狮填补了空缺，但是当新的雄狮进入狮群，杀害幼仔的现象有所增加。

还有研究表明，欧洲西北部开展的野兔狩猎活动对其种群产生了很大影响。如果从晚春开始在野兔种群低丰度地区进行狩猎，将有利于野兔种群的保护。

（2）狩猎对区域内其他野生动物种群的影响

由于食物链的存在，一个物种的兴衰往往影响着另一个物种的存亡。在同一地区，一个完整的生态系统内，各个成员有着千丝万缕的联系。在两个种群相互作用模型中，竞争模型和捕食模型很好地阐释了竞争者之间的关系及捕食者和猎物之间的关系。如今，狩猎活动的管理作为一个对可持续发展有利的工具在国内外都受到热烈的讨论，为了有效地达到这个目的，我们有必要全面了解狩猎对于种群和生态系统保护的作用。

秃鹫主要以大型动物的尸体为食，包括野生有蹄类动物。秃鹫能加速养分的回归，限制一些疾病的传播。因此，在生态系统中有着不可代替的地位。由于秃鹫种群对于人类农业活动的依赖，最近产生了全球性的秃鹫种群危机。在亚洲，农药引起了大量秃鹫死亡；在欧洲，牛海绵状脑病导致秃鹫数量减少；在西班牙，用于家畜的抗生素药类在个体水平上也影响了秃鹫。研究人员通过对西班牙地区狩猎和秃鹫关系的研究发现，对马鹿和野猪的狩猎在时间上和空间上对秃鹫的种群有着积极的影响。在研究地区，经常可以看到秃鹫食用那些狩猎动物的尸体，并且在马鹿和野猪高狩猎地区建立巢穴。秃鹫的筑巢地点和狩猎区域有着高度的重叠，秃鹫在这些巢穴的短暂居住时间与马鹿的狩猎季节吻合，在巢附近出现的秃鹫数量和马鹿、野猪的狩猎数量有关。数据显示，6个月的狩猎活动可以养活1800只秃鹫。由于食物供应的充足，在研究地区的秃鹫数量处于增长状态，且有较高的繁殖率。

当然，除了有利影响外，狩猎对同一地区其他动物也有一定负面影响。如欧洲的野猫种群，在欧洲，用于大型动物狩猎的私有土地不断增加，对于小型狩猎动物产生了消极影响，土地所有者顾及眼前利益，偏向于保护马鹿等，通过管理可以大幅增大种群密度的有蹄类动物，导致有蹄类动物数量大幅增加，使作为野猫主要猎物的兔子的数量降低，直接影响了野猫的种群发展。所以，为保证野猫种群的健康发展，提倡根据现有环境容纳量，保持野生有蹄类动物的合理密度，以提高狩猎地区兔子等的种群密度。

（3）狩猎对生态系统的影响

随着野生动物保护力度的加大，人们保护野生动物意识的提高，很多野生动物的种群得到很好的恢复，一些物种增长速度过快，甚至泛滥成灾，对当地生态系统构成威胁。针对上述情况，许多国家明确把有计划的狩猎活动作为控制野生动物种群规模、维护生态平衡的手段，限制物种种群的过度扩张，避免其对当地植被和其他物种造成负面影响，维护生态系统的稳定和自然演化。

在欧洲，鹿的数量急剧增长，苏格兰高原鹿的数量更是高于历史任何时期。野生鹿数量的增长给农业、农林作物带来严重危害，并且加大了公路交通事故发生率，控制鹿的数量已成为重要工作。英国保护组织和政府机构已经承认增加狩猎活动是减少鹿数量的最实际有效的措施。保护组织和土地所有者积极配合，加大狩猎力度，吸引更多的人狩猎，控制了鹿的数量增长。

很多情况下，一些动物因为缺少天敌，过度繁殖，最终超过环境承载量，走向灭亡。1944年，美国海岸巡逻队将29头驯鹿带到位于白令海332平方千米的圣马太岛作为岛上驻守人员的食物补给。第二次世界大战结束，人员撤离，留下了驯鹿。1957年，当生物学家戴维克莱因登岛时，看到岛上一派兴旺景象，驯鹿数量发展到1350只，岛上四英寸厚的地衣供养着驯鹿，驯鹿生机勃勃。1963年他再次到达这里时，驯鹿数量竟达6300只，植被已难以为继。3年后，当生物学家再次登上圣马太岛时，岛上鹿骨累累，地衣所剩无几，残存的42只驯鹿中，41只为雌性，只有1只雄性，还是个亚成年的羸弱个体。1980年，该岛驯鹿全部死亡。分析其症结，就是因为岛上没有驯鹿的天敌。而狩猎作为一个很好的调控手段，可以保证动物种群的质量，防止种群灭绝，又可以避免因缺少天敌而泛滥成灾的情况。

如今，野猪成了北美最具破坏力的物种之一。200万～600万头的野猪，肆虐于美国39个州以及加拿大的4个省。其中一半的野猪活动在美国得克萨斯州，每年给当地造成4亿美元的经济损失。野猪破坏土地、河流、水源，有时会吃小牛和小羊等家畜，也会把鹿、鹌鹑以及海龟卵当作食物。而且野猪有传播疾病的潜在可能性。野猪甚至会出现在得克萨斯州城区，比如公园、高尔夫球场和田径场，并与家养宠物发生冲突。得克萨斯州允许猎人终年不受限制地猎杀野猪，或者活捉它们出售给屠宰场。另外有成千上万的野猪被从直升机上射杀。其目的并不是彻底清除野猪，但目标在于控制它们的数量。

在新西兰，塔尔羊1904年被发现在南岛的南阿尔卑斯山中。新西兰是世界上少数几个可以合法猎捕塔尔羊的国家之一。由于没有天敌的存在，塔尔羊可以自由地繁殖，新西兰政府每年也会组织一定规模的猎捕，从而来控制其数量和保持生态的平衡。

狩猎不仅可以使种群数量过大的动物得到控制，也可以拯救一些走向灭绝的珍贵动物。一些非洲国家试图禁止狩猎，像肯尼亚和坦桑尼亚。坦桑尼亚1973年停止了狩猎，但由于偷猎使得其大象的数量下降到不足一半，又不得不在1978年恢复狩猎。自狩猎恢复后，坦桑尼亚的大象数量已经增长到了目前的12.5万头左右。1977年肯尼亚停止了狩猎，至今未重新启动，付出的代价是极其惨重的。非洲自然保护基金会的数据显示，70%的肯尼亚国家公园以外的野生动物已被偷猎。在1979—1989年，肯尼亚大象的数量由原来的13万头下降到了1.7万头。

世界上很多国家和地区都由于某物种的过度繁殖遭遇不同程度的危害。除以上几种动物外，兔子、海狸鼠、红颊獴、野猫、山羊等都在不同地区泛滥成灾过。狩猎一直都是传统的控制物种种群数量的方法。相比于投毒、采用病毒等生物技术，狩猎不但能够满足人们运动娱乐的需求，更能创造巨大的经济效益。

（4）狩猎对保护事业的贡献

科学、规范的狩猎活动，不仅有效发挥了改善野生动物种群结构、维护生态系统稳定的积极作用，并且其商业运行模式在世界范围内为保护野生动物筹集了大量资金，进一步促进了保护。这一效益在非洲等经济落后的国家或地区尤其显著，使得狩猎区域所在地政府和当地人民了解到野生动物的价值，并从中获益，从而极大改变了人们对野生动物原始的利用方式。野生动物的巨大经济价值鼓励了当地群众的保护积极性，一些狩猎团体更是愿意投入资金参与到保护野生动物的事业当中。群众自觉关心保护、参与保护，实现了保护效益和经济效益双增长的良好局面，达到了“以猎养护”的目的。

英国红松鸡的猎捕由于射击难度大（松鸡飞行速度高达80千米/小时）和数量有限，这项运动被尊为顶尖奢华的射击运动。有人认为是富人们为了娱乐杀害此种珍贵鸟类，但是，如果仔细观察狩猎活动可以发现，猎捕英国红松鸡不仅为农村地区提供收入和就业，还通过打猎的方式保护了自然环境。

根据环保组织——荒野保护协会（Moorland Association）的数据，2010年英格兰和威尔士的庄园花费5250万英镑用于管理149处松鸡猎场。苏格兰的农场主们也管理着超过150处荒野用于松鸡狩猎。农场主们的花费如下：猎捕者管理、石楠花和树木种植、焚烧石楠花促其增长、去除蕨类植物、修建池塘和支付猎场看守的工资。英国红松鸡是英国独有的野生猎禽，生长于石楠花荒野高原。为了狩猎的需要，这种鸟类的种群密度必须大于200只/平方千米。一旦低于该数量，狩猎活动就要停止。值得注意的是，英国红松鸡的数量也必须管理，如果荒野中英国红松鸡过度繁殖，这种鸟类就会得病，导致种群数量暴跌。

事实上，在荒野猎捕英国红松鸡确保了这个物种不会灭绝。英国拥有世界上75%的石楠花荒野。它们比热带雨林更加珍稀，并且也处于危险中，多亏了英国红松鸡狩猎活动的需要才得以维护。根据狩猎和野生动物保护基金会（Game and Wildlife Conservation Trust）的最新研究，金鸻鸟、鹬鸟和凤头麦鸡在有人管理的英国红松鸡猎场中生长的成功率比在荒野中高出3倍。英国皇家学会为保护鸟类展开的研究表明，这些物种数量在有专人管理的猎场中要比别处高出约5倍；同时一种列在国际自然保护联盟（International Union for the Conservation of Nature）“受威胁物种红色名单”上的黑琴鸡数量减少速度也由于栖息地改善得以减缓。这些都离不开狩猎场工作人员的管理。

在非洲，开展狩猎所带来的巨大经济收益极大地促进了当地野生动物的保护事业，避免了一些偷猎、盗猎现象的发生。老百姓认识到狩猎给他们带来的好处，更积极地投入到野生动物保护事业中，而很多保护区、国家公园，更是依靠狩猎带来的收入维持运行。在津巴布韦通过狩猎产生的资金，由他们称为营火的项目（公共地区资源管理项目）直接流向地区自治会。通过营火项目，当地的居民和社区直接从狩猎执照和猎物费中获益。此外，狩猎公司通常会管辖他们的地区以防止商业性的偷猎。非洲有两种形式的偷猎，一是为了食物而进行的偷猎，这通常与当地的文化有关，并且如果监管得当不会造成大的危害；二是由犯罪集团控制的、以牟利为目的的偷猎。政府部门通常缺乏足够的力量来对付商业偷猎者，只能任其发生，给野生动物造成极大威胁。规范开展狩猎活动则可减少偷猎现象的发生。当合法、规范的狩猎公司来到一个新地区后，很快就会知道谁是这里最声名狼藉的偷猎者，然后就会雇佣这个人为狩猎公司工作。这个工作所获得的收入比他偷猎的收入要高很多。正是这种模式极大地减少了偷猎现象的发生。

1.6.2 狩猎的经济效益

在许多国家，通过科学、规范开展狩猎活动，不仅成功促进了野生动物及其生态系统的保护，还给社会带来了巨大的经济效益，增加了就业人口，猎人也在参加狩猎活动的过程中获得了融入自然、博弈挑战的独特体验，是多方共赢的成功实践。

（1）狩猎的直接经济效应

狩猎是一项高消费的活动。狩猎者从申请狩猎证、购买一系列设备到实际去狩猎都要花费大量的资金，而且狩猎赋予野生动物的价值远远高于肉用价值。20世纪初，猎取一只加拿大盘羊，猎手需付费22～43美元，如今猎人猎一只加拿大盘羊则要付上万美元。鲑鱼是美国西海岸的重要鱼类资源，人们近来发现鲑鱼不仅具有很高的生态服务价值，同时也具有很高的商业利用价值。在娱乐性垂钓中，人们每钓一条鲑鱼可以产生200美元的价值，而在商业性垂钓中，人们每钓一条鲑鱼仅产生5～70美元的价值。人们通过研究还发现娱乐性垂钓每1000条鲑鱼可以创造4个人的就业机会，而商业性垂钓每1000条鲑鱼只能创造1.5个人的就业机会。在南非，一位当地人在9年前向政府野生动物保护部门以20万美元的价格拍下6头犀牛的狩猎权。9年后，一名来自美国的富商猎人，在一场狩猎旅行中杀死其中一头，为此，他为这场狩猎旅行支付15万美元的费用。这笔费用大部分归犀牛狩猎权拥有者所有。狩猎已成了不少南非当地人收入的主要来源，有的农场主每年靠狩猎场获得超过250万美元的收入。

▲ 渔猎爱好者收获一条大鱼

狩猎的高消费体现在狩猎过程的各个环节，证照齐全，拥有猎枪、子弹、狩猎服装只能说明拥有了狩猎的资格。以美国加利福尼亚州为例，真正的上山打猎者还必须按天数或者季度付猎区的入场费，获得在本猎区狩猎的许可证，还必须另外按照计划的猎物头数提前购买狩猎指标。比如，加利福尼亚州本州居民当年度打第一头鹿的指标价格是23.35美元，第二头鹿的指标价格就是29.15美元。而像大角盘羊这样珍贵的动物，每年发放的指标较少，本州的指标价为300美元，而外州的则高达500美元。

（2）狩猎与生态旅游

“生态旅游”这一术语，最早由世界自然保护联盟（IUCN）于1983年首先提出。现今，生态旅游的定义为：以吸收自然和文化知识为取向，尽量减少对生态环境的不利影响，确保旅游资源的可持续利用，将生态环境保护与公众教育同促进地方经济社会发展有机结合的旅游活动。

生态旅游的开展因为需要大面积自然风光秀美的山川河流，所以在非洲一些国家并不能很好地开展。例如，埃塞俄比亚、中非、乍得等国，每年只接待很少一部分常规的游客，但是在这些地区，狩猎却能很好地开展。在博茨瓦纳，74%的野生动物保护土地依仗于对野生动物消费性的利用。在那些偏远的、景色一般的地区，或者野生动物密度高的地区，狩猎相对于生态旅游具有很大的优势。而且，狩猎相对于生态旅游，其对政治不稳定性的适应性也很强。例如，受津巴布韦的土地革命影响，游客入住下降了75%，而狩猎行业仅下降了12.2%。

狩猎收入是国外一些保护区收入的重要组成部分，因为生态旅游没有足够的游客为这些保护区提供足够的收入。甚至在旅游业发达的南非和坦桑尼亚，旅游的收入也只能满足国家公园的部分花销，更别说是保护区外的野生动物栖息地。在一些有着庞大的保护区域体系而旅游业却非常薄弱的国家，如中非、赞比亚，若这些全面保护地区能够指定一些区域允许狩猎，也许可以更有效地保护野生动物。

毫无疑问，在非洲旅游业发达的地区，野生动物摄影和生态旅游相比狩猎获得了更高的经济收入，生态旅游为当地人提供了更多的就业机会。例如，在坦桑尼亚国家公园，仅在塞伦盖蒂和恩戈罗两个国家公园生态旅游就可以达到每年1100万美元的收入，而野生动物部门又从狩猎方面获得1050万美元的收入，相比于单纯依靠生态旅游，它能使野生动物通过更广泛的土地应用得到更切合实际的利用。

▲ 猎人收获一只巨型马鹿

（3）狩猎对其他相关产业的拉动效应

商业性狩猎活动的开展，需要有旅行、装备、猎物处理及纪念品制作等一系列服务来辅助，显现出高消费特质，还拉动了相关产业的发展。据美国艾福伦经济研究所统计，在2002年，美国有1400多万名18岁以上公民参加了狩猎活动，狩猎产生的直接经济效益多达220亿美元。与之相配套的产业链包括旅行社、运输、酒店、狩猎设备供应、摄影设备、野营设备、滑雪设备及弓箭辅助设备等。

美国不少地方遍布众多狩猎户外用品专卖店，从帽子、服装、鞋子到帐篷、刀具等，并产生不少知名品牌。洛杉矶东部的一个人口不过2万多的小镇，附近居然分布着3家体育和野外用品商店。与狩猎相关的运动产品价格不菲，一个专业猎人按照高标准，其一身装备就得花去二三十万美元，另有不少人有自驾越野车、私人飞机等。狩猎者和垂钓者的旅行开支也较大，如蒙大拿州每年猎期为6周，有许多偏僻地区的加油站、汽车旅店等服务行业靠狩猎季节的收入来维持。

统计显示，美国仅在2002年，由狩猎而带动的消费市场高达650多亿美元。狩猎服务解决了70万人的就业问题。其中有一项岗位是专门针对狩猎行为进行监督的森林管理员，支付他们工资的经费，主要来自狩猎许可证的销售费用。美国加利福尼亚州2006—2007年针对本州居民发放的大型猎物狩猎证价格为34.9美元，非本州居民狩猎证价格则要121.5美元。即使是在2008年金融危机时期，美国狩猎运动不但没有受影响，反而成为拉动经济的一大动力。2009年，通过狩猎和各种垂钓工具的加税，美国政府获得8.2亿美元收入；通过出卖猎捕限额，美国得到超过10亿美元的收入。

前面列举的大量研究事实表明，狩猎所带来的生态效益和经济效益十分可观。

生态效益上，对非洲狮、热带灵长类动物、欧洲西北部野兔的研究发现，狩猎对野生动物种群动态模式确实有影响，体现在数量、性比、幼仔出生率和死亡率、种群结构几个方面。但狩猎与野生动物的保护并不一定矛盾，严格规定狩猎限额、狩猎季节、控制狩猎动物年龄、合理规划保护区，重视狩猎对野生动物种群的客观影响，将有可能实现野生动物种群的稳定发展和狩猎可持续性的双赢局面。同时，狩猎对同一地区其他动物种群也有一定影响，辩证地看待这一影响十分重要。对于有明显积极影响的狩猎活动我们应当大力提倡；对于有显著消极影响的狩猎活动我们应该加以调整，通过有效的管理控制措施，维持生态平衡，在能发挥狩猎的巨大生态效益的同时，保证各个种群的协调、健康发展。另外，大量事实证明，当某种动物种群数量过分膨胀，将不利于其自身种群的发展，并且会对人们的生产、生活造成威胁，而狩猎是控制数量过大种群的最有效手段，同时还可以避免一些珍贵动物走向灭亡。

经济效益上，狩猎是一项投入少、见效快而产出极高的产业，即“低投入、高产出”。开展狩猎

▲ 非洲扭角林羚

活动的投入比较单一，但是回收成本却是多渠道的。无论是狩猎证的出售、狩猎权的拍卖，还是支付的入场费、管理费都带来了巨大的收益。而且，狩猎极大地带动了相关产业的发展，为户外体育用品业、运输业、酒店业等带来了巨大的经济利润，并且拉动了就业率。研究人员在加拿大从居民对狩猎支持度的调查中发现，那些与狩猎运动相关的行业团体更加支持狩猎运动的开展。对美国1996年、2001年、2006年狩猎设备支出进行对比的结果可以看出：10年间，狩猎支出数额一直非常可观，虽然2001年、2006年相对1996年支出有所回落，但总体趋势依然平稳，且每年相关狩猎设备的支出要高于旅行或者其他支出数额。从前面的内容可以知道，在偏远的没有诱人景色的地区，狩猎相对于生态旅游更有优势，更有利于开展。理论上，国际狩猎和生态旅游是有一定重叠的。国际狩猎的活动基础为森林、草原、沼泽、湖泊等自然环境，生态旅游的活动基础为自然保护区、森林公园、海岛、少数民族文化区、郊野。国际狩猎的活动方式为探索、冒险、竞技、获取狩猎品，能够强身健体、增强生存技能，促进不同文化之间的沟通交流；生态旅游的活动方式为登山、徒步、漂流等，能够求知、求新、猎奇、放松、健身、陶冶情操、进行环境教育。在加拿大的马尼托巴，研究人员曾在2000年通过电话调查了3000个家庭对于狩猎作为旅游产业的态度，调查结果显示，当狩猎被描述为一种旅游产业时，居民对于狩猎活动的支持更加积极。因此，在有条件的地区，如果能将狩猎与生态旅游两者结合，具备狩猎条件的狩猎区把生态旅游作为争取公众对狩猎区的支持，这样，将会让更多的人正确认识狩猎，了解到狩猎在生态保护中的功能，获得更大的生态效益、经济效益和社会效益。从英国红松鸡的狩猎和非洲的狩猎开展可以看出狩猎对于野生动物保护事业有着巨大的推动作用，一方面解决了资金短缺的问题，一方面大大降低了非法狩猎现象的发生，可以说，狩猎是将资源优势转变为经济优势的一种有效途径。

开展野生动物狩猎，这种在国外曾经得到实践证明并被广泛推行的经营模式，在我国也应加以借鉴。众所周知，野生动物作为肉类、皮张或兽角的价值只能与家养动物价值相当，而野生动物狩猎战利品的价值远高于其作为肉食的价值。例如，岩羊的肉用价格大约是45美元，但狩猎价格高达5000美元，是其肉用价格的120多倍。同时，由于狩猎收入中的猎物费全部用于野生动物保护，不仅当地野生动物保护经费有所增加，而且当地居民也可以从狩猎收入中获得实惠，如给猎人提供向导服务、租赁马匹、当地政府给予的草场补偿金等，这些都在一定程度上提高了野生动物的保护效果，并调动了当地居民保护野生动物的积极性。

综上所述，通过对狩猎活动的科学引导、规范和管理，不仅可对野生动物种群实施有效调控，维护生态系统的平衡与稳定，还能为保护筹集资金，为当地居民改善生活开拓渠道，并拉动相关产业的发展，其效益十分广泛。就我国而言，依法开展狩猎活动，调控野猪等致害严重的野生动物种群数量，对于维护人民群众生命财产安全、促进人与自然和谐共生具有重要意义。

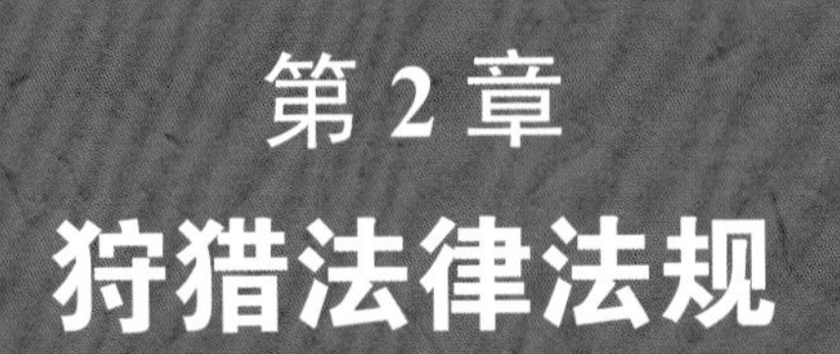

第 2 章
狩猎法律法规

新中国野生动物保护的法律制度，渊源于土地革命时期各革命根据地关于野生动物保护的规定，开始于新中国成立后有关规定。如1950年中央人民政府发布的涉及稀有生物保护办法中明确规定，稀有生物（如四川万县之水杉、松潘之熊猫等）各地人民政府亦应妥为保护，严禁任意采捕。1962年国务院在《关于积极保护和合理利用野生动物资源的指示》中明确："野生动物资源是国家的自然财富，各级人民委员会必须切实保护，在保护的基础上加以合理利用。"1982年通过的现行《中华人民共和国宪法》第九条明确规定："国家保障自然资源的合理利用，保护珍贵的动物和植物，禁止任何组织或者个人用任何手段侵占或者破坏自然资源。"1983年国务院发布了《关于严格保护珍贵稀有野生动物的通令》。1984年公布的《中华人民共和国森林法》明确规定："林区内列为国家保护的野生动物，禁止猎捕；因特殊需要猎捕的，按照国家有关法规办理。"1985年，林业部发布了经国务院批准的《森林和野生动物类型自然保护区管理办法》，就森林和野生动物类型自然保护区的管理作出了具体规定。1988年11月8日，第七届全国人民代表大会常务委员会第四次会议通过了《中华人民共和国野生动物保护法》，这是我国第一部专为保护野生动物而制定的法律，自1989年3月1日开始施行；2004年和2009年根据全国人民代表大会常务委员会的决定进行了两次修正，对个别条款和文字进行了修改；2016年7月2日，第十二届全国人民代表大会常务委员会第二十一次会议对《中华人民共和国野生动物保护法》第一次修订，进行了全面修订，修订后的《中华人民共和国野生动物保护法》自2017年1月1日起施行；2018年根据全国人民代表大会常务委员会的有关决定第三次修正；2022年12月30日第十三届全国人民代表大会常务委会员第三十八次会议第二次修订，修订后的《中华人民共和国野生动物保护法》自2023年5月1日起施行。

2.1 禁止妨碍野生动物生息繁衍活动

《中华人民共和国野生动物保护法》（以下简称《野生动物保护法》）第二十条规定："在自然保护地和禁猎（渔）区、禁猎（渔）期内，禁止猎捕以及其他妨碍野生动物生息繁衍的活动，但法律法

▲《中华人民共和国野生动物保护法》

规另有规定的除外。野生动物迁徙洄游期间，在前款规定区域外的迁徙洄游通道内，禁止猎捕并严格限制其他妨碍野生动物生息繁衍的活动。县级以上人民政府或者其野生动物保护主管部门应当规定并公布迁徙洄游通道的范围以及妨碍野生动物生息繁衍活动的内容。”

上述规定是关于在自然保护地、禁猎区、禁猎期以及前述区域以外的野生动物迁徙洄游通道内（期间），禁止猎捕及其他妨碍野生动物生息繁衍活动的规定。

自然保护地是我国野生动物资源重点保护的区域。因此，禁止猎捕及其他妨碍野生动物生息繁衍的活动。如修路（公路、铁路）、采伐森林、开矿、修筑水利和通信设施、采集野生植物、猎捕野生动物等。

自然保护地是指自然保护区、自然保护小区、国家公园等区域，还包括森林公园、湿地公园、风景名胜区、野生动物重要栖息地等区域。根据《野生动物保护法》的有关规定，在自然保护地和禁猎区、禁猎期内禁止猎捕以及其他妨碍野生动物生息繁衍的活动，但法律法规另有规定的除外。

自然保护区是指对有代表性的自然生态系统、珍稀濒危野生动植物物种的天然集中分布区、有特殊意义的自然遗迹等保护对象所在的陆地、陆地水体或者海域，依法划定一定面积予以特殊保护和管理的区域。建立自然保护区是保护自然资源、生态环境和生物多样性，保存珍稀濒危物种、维护自然生态平衡的重要和有效措施之一。

自然保护小区是我国正在逐渐推广且数量上升较快的一类保护实体的称谓。它一般面积较小，是由县级以下（含县级）的行政机关设定保护的自然区域，或者在自然保护区的主要保护区域以外划定的保护地段。当前，自然保护小区已成为野生动植物保护及自然保护区建设系统的重要组成部分，在实施生物多样性的保护、保证国土生态安全、改善人居环境以及实现其他各种生态效益、社会效益等方面都发挥了重要作用。

国家公园是为就地保护具有国家重大意义的自然生态和历史文化资源，满足社会多样化生态需求和可持续发展目标，由国家划出并实施严格保护和合理利用的具有明确地理边界和一定面积的陆地、水域及其空间。国家公园的使用价值主要表现为生态系统服务功能。生态系统服务是指人类直接或间接从生态系统获得生命支持福利，包括向经济社会系统输入有用物质和能量、接受和转化来自经济社会系统的废弃物，以及直接向人类社会提供服务，如提供洁净空气、水资源、文化遗产和旅游机会等。

为促进野生动物资源的保护，除在自然保护地禁止猎捕外，我国还依法划定了禁猎区、禁猎期。禁猎区是指禁止猎捕野生动物的区域。禁猎区主要包括野生动物重要栖息地、环境脆弱带、处于隔离的小种群、野生动物种群数量稀少等区域。禁猎期是指为保证野生动物生息繁衍而人为规定的禁止猎捕的期间。禁猎期主要包括野生动物发情期、妊娠期、哺乳期、育雏期和其他不适宜猎捕野生动物的时期。禁猎区、禁猎期可以按照野生动物的种类划定，也可以按照地域和时间划定。对于水生野生动物而言，禁猎区、禁猎期则称为禁渔区、禁渔期。虽然《野生动物保护法》规定在上述自然保护地、禁猎区、禁猎期禁止猎捕以及其他妨碍野生动物生息繁衍的活动。但是法律法规另有规定的除外，如机场按照规定设置的防鸟网等。

野生动物迁徙洄游期间的保护。野生动物迁徙是野生动物为适应气候和食物变化，或为了确保繁殖成功而进行的季节性或周期性的活动。所谓“迁徙”就是从一个地区到另一个地区，然后再返回来的活动。这种往返旅行有可能是季节性的，如像许多鸟类在春秋季向南或向北迁移。许多栖息在陆地、海洋的动物都具有迁徙性，如鸻鹬类、羚羊、海豚、海龟、蝙蝠和许多种鸟类。迁徙是为了满足野生动物生物学上的需要，如寻找适宜的繁殖地点并喂养下一代，或寻找适宜地点作为一年中其他时期的取食基地，有时野生动物的迁徙距离可达几千千米。迁徙物种更容易受到多种威胁，包括繁殖地缩小、迁徙路线上的过度猎捕及食物基地的退化等。对于水生野生动物“迁徙”而言，即《野生动物保护法》中的“洄游”。虽然《野生动物保护法》规定禁止在自然保护地、禁猎区、禁猎期猎捕野生动物。但是由于野生动物迁徙洄游路途相对遥远，不可能将野生动物迁徙洄游期间所经过的区域（迁徙通道）都划定为自然保护地或禁猎区。因此，在此基础上，《野生动物保护法》特别规定，野生动物迁徙洄游期间，在自然保护地、禁猎区、禁猎期以外的迁徙洄游通道内，禁止猎捕并严格限制其他妨碍野生动物生息繁衍的活动。县级以上人民政府或者其野生动物保护主管部门应当规定并公布迁徙洄游通道的范围以及妨碍野生动物生息繁衍活动的内容。

2.2 关于猎捕的一般性规定

《野生动物保护法》第二十一条规定，“禁止猎捕、杀害国家重点保护野生动物。因科学研究、种群调控、疫源疫病监测或者其他特殊情况，需要猎捕国家一级保护野生动物的，应当向国务院野生动物保护主管部门申请特许猎捕证；需要猎捕国家二级保护野生动物的，应当向省、自治区、直辖市人民政府野生动物保护主管部门申请特许猎捕证”。《野生动物保护法》第二十二条规定，“猎捕有重要生态、科学、社会价值的陆生野生动物和地方重点保护野生动物的，应当依法取得县级以上地方人民政府野生动物保护主管部门核发的狩猎证，并且服从猎捕量限额管理”。根据《野生动物保护法》第二十三条的规定，猎捕者应当严格按照特许猎捕证、狩猎证规定的种类、数量、地点、工具、方法和期限进行猎捕。持枪猎捕的，应当依法取得公安机关核发的持枪证。

2.2.1 特许猎捕证和狩猎证

根据《野生动物保护法》第二十一条和第二十二

条的规定，猎捕国家重点保护野生动物，有重要生态、科学、社会价值的陆生野生动物和地方重点保护野生动物应当依法分别取得特许猎捕证、狩猎证。

特许猎捕证和狩猎证是从事猎捕活动的法定依据，是野生动物保护主管部门依法作出的允许猎捕国家重点保护野生动物或者有重要生态、科学、社会价值的陆生野生动物和地方重点保护野生动物的行政许可决定。未依法取得特许猎捕证或者狩猎证从事狩猎活动的，都是违法行为，应承担相应的法律责任。

《野生动物保护法》根据猎捕野生动物的保护级别不同，分别规定了两种不同的法律制度，即特许猎捕证制度和狩猎证制度。

特许猎捕证适用的是猎捕国家重点保护野生动物；狩猎证适用的是猎捕有重要生态、科学、社会价值的陆生野生动物和地方重点保护野生动物。两者是不能混淆的。取得了特许猎捕证并不能猎捕有重要生态、科学、社会价值的陆生野生动物和地方重点保护野生动物；同样，取得了狩猎证也不得猎捕国家重点保护野生动物。而且，两种制度实行的原则也是不一样的。特许猎捕证制度对于猎捕国家重点保护野生动物实行的原则是禁止猎捕国家重点保护野生动物，允许猎捕是特殊情况；狩猎证制度实行的原则是猎捕量限额管理，即猎捕量不得大于生长量。

2.2.2 猎捕种类和猎捕数量

国家重点保护野生动物都是珍贵、濒危的野生动物，是国家重点保护的对象。国家重点保护的野生动物分为一级保护野生动物和二级保护野生动物。《国家重点保护野生动物名录》由国务院野生动物保护主管部门组织科学评估后报国务院批准公布，并每五年根据评估情况和野生动物保护的实际需要确定对名录进行调整。对国家重点保护野生动物原则上禁止猎捕，只能在符合法律特别规定的情况下才允许猎捕。因此，猎捕数量根据特殊情况确定，一般数量不大。

有重要生态、科学、社会价值的陆生野生动物名录，由国务院野生动物保护主管部门征求国务院农业农村、自然资源、科学技术、生态环境、卫生健康等部门意见，组织科学评估后制定并公布。地方重点保护野生动物，是指国家重点保护野生动物以外，由省、自治区、直辖市重点保护的野生动物。地方重点保护野生动物名录，由省、自治区、直辖市人民政府组织科学论证评估，征求国务院野生动物保护主管部门意见后制定、公布。

有重要生态、科学、社会价值的陆生野生动物和地方重点保护野生动物是种群数量较多野生动物，也是猎捕的主要种类。猎捕数量相对于国家重点保护野生动物也要大许多。根据《野生动物保护法》的规定，猎捕有重要生态、科学、社会价值的陆生野生动物和地方重点保护野生动物的，应当服从猎捕量限额管理。有重要生态、科学、社会价值的陆生野生动物名录和地方重点保护野生动物的猎捕量限额由县级以上地方人民政府野生动物保护主管部门根据猎捕量不得大于生长量的原则、结合本地方的实际情况制定。猎捕量过于大容易造成资源破坏，从而使野生动物种群难以恢复。这是因为野生动物猎捕管理直接关系到野生动物种群安全和资源消长，是野生动物保护管理最重要的内容之一。

2.2.3 猎捕者应当按照特许猎捕证和狩猎证的规定猎捕

根据《野生动物保护法》第二十三条的规定，猎捕者应当严格按照特许猎捕证、狩猎证规定的种类、数量或者限额、地点、工具、方法和期限进行猎捕。猎捕作业完成后，应当将猎捕情况向核发特许猎捕证、狩猎证的野生动物保护主管部门备案。猎捕国家重点保护野生动物应当由专业机构和人员承担；猎捕有重要生态、科学、社会价值的陆生野生动物有条件的地方可以由专业机构有组织开展。猎捕的具体管理办法由国务院野生动物保护主管部门制定。

《野生动物保护法》在对特许猎捕证、狩猎证规定了猎捕的种类、数量的同时，还对狩猎的地点、工具、方法和期限以及猎捕专业机构、人员等作出了规定。

特许猎捕证和狩猎证所规定的猎捕种类即猎捕的目标野生动物，非规定的猎捕野生动物不得猎捕。特许猎捕证和狩猎证规定的数量是允许猎捕的最大数量，不能突破规定的数量猎捕。特许猎捕证和狩猎证所规定的地点即我们通常所说的猎区，也就是允许狩猎的地区或者区域，对应的是禁猎区。为了规范野生动物的猎捕活动，县级以上人民政府或者其野生动物保护主管部门应当依法对猎区作出具体的规定。开展野生动物猎捕活动，必须在特许猎捕证和狩猎证所规定的、经批准的猎区（猎捕区域）进行。

特许猎捕证和狩猎证所规定的期限即我们通常所说的猎期，也就是允许狩猎的期限。猎期的规定要避开野生动物的繁殖期，不能破坏野生动物的正常繁殖活动，影响野生动物种群的增长。一般野生动物的繁殖期在初春或夏季，也有部分秋季繁殖的。猎期要同时避开野生动物繁殖期及幼子生长期，应尽量减少该时期对野生动物的干扰，从而降低对野生动物生长发育的影响。实践中，为了调控野生动物种群数量而依法实施的猎捕则可以不受上述规定限制。

野生动物保护主管部门可根据猎捕野生动物种类的具体情况规定具体的猎捕期限。在每年的猎期上做适当调整，缩短或延长猎期。猎捕区域内可猎捕野生动物的数量如少于基本储存量，则应该适当缩短猎期；饲料不足时可适当提前猎捕，延长猎期；猎捕区域有疫源疫病并已导致动物部分死亡的情况，也可提前猎捕，并延长猎期；如遇气候变暖，动物迁徙、繁殖期提前等情况，则可以缩短或延长猎期。具体实施中按照特许猎捕证和狩猎证所规定的期限执行即可。

2.2.4 持枪猎捕者应当依法取得公安机关核发的持枪证

根据《野生动物保护法》第二十三条第二款的规

定，“持枪猎捕的，应当依法取得公安机关核发的持枪证”。

公安机关是我国枪支的主管机关。持枪猎捕野生动物的，除了要依法取得特许猎捕证或者狩猎证以外，还应当依法取得公安机关核发的持枪证。若未依法取得公安机关核发的持枪证而持枪猎捕野生动物的，均属违法行为，应当依法承担相应的法律责任。

为了维护社会治安秩序，保障公共安全，我国于1996年7月5日第八届全国人民代表大会常务委员会第二十次会议通过了《中华人民共和国枪支管理法》（以下简称为《枪支管理法》）。根据《枪支管理法》的规定，国家严格管制枪支，禁止任何单位或个人违反法律规定持有、制造（包括变造、装配）、买卖、运输、出租、出借枪支。《枪支管理法》实施以来，在维护社会治安秩序、保障公共安全和保护野生动物资源方面发挥了重要的作用。

根据现行的《枪支管理法》的规定，以下三种情形可以配置猎枪：①经省级以上人民政府野生动物保护主管部门批准设立的狩猎场；②因业务需要的野生动物保护、饲养、科研单位；③猎区的猎民、牧区的牧民。猎区和牧区的区域由省级人民政府划定。配置民用枪支（含猎枪）的具体办法，由国务院公安部门按照严格控制的原则制定，报国务院批准后施行。

狩猎场配置猎枪，凭省级以上人民政府野生动物保护主管部门的批准文件，报省级以上人民政府公安机关审批，由设区的市级人民政府公安机关核发民用枪支配购证件。根据国务院《关于取消一批行政许可事项的决定》（国发〔2017〕46号）的规定，已经取消了“建立固定狩猎场所审批”事项。目前，有关部门正在对取消该项行政许可审批后狩猎场配置猎枪事宜进行调研，即将做出新的规定。

野生动物保护、饲养、科研单位申请配置猎枪、麻醉注射枪的，应当凭其所在地的县级以上人民政府野生动物保护主管部门核发的狩猎证或者特许猎捕证和单位营业执照，向所在地的县级人民政府公安机关提出。野生动物保护单位包括依法设立的狩猎公司、狩猎队和护农狩猎队等。

猎民申请配置猎枪的，应当凭其所在地的县级人民政府野生动物保护主管部门核发的狩猎证和个人身份证件，向所在地的县级人民政府公安机关提出；牧民申请配置猎枪的，应当凭个人身份证件，向所在地的县级人民政府公安机关提出。受理申请的公安机关审查批准后，应当报请设区的市级人民政府公安机关核发民用枪支配购证件。

配购猎枪、麻醉注射枪的单位和个人，必须在配购枪支后30日内向核发民用枪支配购证件的公安机关申请领取民用枪支持枪证件。狩猎场配置的猎枪不得携带出狩猎场。猎民、牧民配置的猎枪不得携带出猎区、牧区。

国家对猎枪实行查验制度。持有猎枪的单位和个人，应当在公安机关指定的时间、地点接受查验。公安机关在查验时，依法严格审查持枪单位和个人是否符合《枪支管理法》和《野生动物保护法》规定的条件，检查枪支状况及使用情况；对违法使用枪支、不符合持枪条件或者枪支应当报废的，依法收缴枪支和持枪证件。拒不接受查验的，枪支和持枪证件由公安机关收缴。

国家严格管理猎枪的入境和出境。任何单位或者个人未经许可，不得私自携带猎枪入境、出境。经批准携带猎枪入境的，入境时凭批准文件在入境地边防检查站办理枪支登记，申请领取枪支携运许可证件，向海关申报，海关凭枪支携运许可证件放行；到达目的地后，凭枪支携运许可证件向设区的市级人民政府公安机关申请换发持枪证件。经批准携带猎枪出境的，出境时，应当凭批准文件向出境地海关申报，边防检查站凭批准文件放行。

2.2.5 禁止使用的猎捕工具和方法

根据《野生动物保护法》第二十四条的规定，“禁止使用毒药、爆炸物、电击或者电子诱捕装置以及猎套、猎夹、捕鸟网、地枪、排铳等工具进行猎捕，禁止使用夜间照明行猎、歼灭性围猎、捣毁巢穴、火攻、烟熏、网捕等方法进行猎捕，但因物种保护、科学研究确需网捕、电子诱捕以及植保作业等除外。前款规定以外的禁止使用的猎捕工具和方法，由县级以上地方人民政府规定并公布”。

野生动物猎捕活动中使用的工具和方法，不仅直接关系野生动物资源的保护，还直接关系着人类和家畜的生命安全、生态环境的保护等问题。因此，《野生动物保护法》对在野生动物猎捕活动中禁止使用的工具和方法作出了具体的规定。禁用的工具和方法主要包括以下三类：一是对野生动物会造成过度损害的；二是非人为控制的工具或不能准确识别动物种类的方法；三是危及人畜、环境安全的工具或方法。

毒药、爆炸物不能区分野生动物的雌雄、老幼、强弱，一旦用于野生动物的猎捕活动中，不仅会对野生动物造成过度损害和自然资源的严重破坏，而且也对人类和家畜的生命安全造成严重威胁，危害公共安全，还会造成环境污染和破坏。因此，法律明确规定禁止使用。电击和电子诱捕装置同样不能区分野生动物的雌雄、老幼、强弱，电击还会威胁人类和家畜的生命安全，属于危害公共安全的狩猎方法。因此，法律明确规定禁止使用。猎套、猎夹、捕鸟网、地枪都属于非人为控制或不能准确识别动物种类的狩猎方法，且会危及人畜安全。因此，依法属于禁止使用的狩猎工具。排铳是传统落后的狩猎工具，对狩猎者本人和野生动物都有较大的危险，法律亦明确规定禁止使用。夜间照明行猎、歼灭性围猎、捣毁巢穴、火攻、烟熏、网捕等方法都会对野生动物造成过度损害，且不能准确识别动物种类、雌雄、老幼、强弱，还容易引起其他危害，如人身伤亡、火灾等。因此，法律也明确规定禁止使用。

虽然法律规定禁止使用网捕、电子诱捕的方法猎捕野生动物，但因物种保护、科学研究以及植保作业等确需网捕、电子诱捕的除外。这主要是因为在现实的野生动物保护管理工作中，确有必要利用网捕或者电子诱捕的方式猎捕野生动物，如为了极个别的物种保护（个体数量极少、防止自然灭绝等）驯养繁殖或者给野生动物加装追踪器等。目前，在野生动物科学研究中，应用比较广泛的一项高科技手段是卫星追踪器。通过给动物佩戴或绑定卫星追踪器，研究人员根据定位项圈发回的数据进行实地跟踪监测，研究野生动物的活动规律。卫星跟踪已被广泛应用于鸟类、熊猫、鲸、大象等众多野生动物研究中。无论是鸟类环志还是给野生动物佩戴或绑定卫星追踪器的，都需要猎捕野生动物。目前主要使用的方法就是网捕。因此，《野生动物保护法》规定在物种保护、野生动物科学研究中确需网捕的，可以使用网捕的方法。另外，出于科学研究的目的确需电子诱捕野生动物的，《野生动物保护法》也作出了特别的规定。电子诱捕即通过电子技术对野生动物进行引诱猎捕的技术方法，包括声诱、光诱等。声诱是通过野生动物趋向声音这一条件反射的特点加以引诱；光诱则是利用野生动物趋光性的特点加以引诱。一般情况下，电子诱捕是法律禁止使用的猎捕方法，只有因物种保护、科学研究的目的才可以使用电子诱捕的方法猎捕野生动物。另外，为了保证植保作业的顺利进行、防止对野生动物资源造成破坏，必要的时候，根据《野生动物保护法》的规定，也可以使用网捕、电子诱捕的方法猎捕野生动物。

我国地域辽阔，野生动物分布范围广，各地猎捕野生动物的工具和方法多种多样。考虑到各地的情况差异很大，《野生动物保护法》只对主要的禁止使用的猎捕工具或方法做出了规定。同时，授权县级以上地方人民政府根据当地实际情况对《野生动物保护法》规定的禁止使用的猎捕工具或方法以外的禁止使用的猎捕工具或方法作出规定并公布。

2.3 猎捕国家重点保护野生动物的规定

2.3.1 猎捕国家重点保护野生动物的原则规定

《野生动物保护法》第二十一条规定，“禁止猎捕、杀害国家重点保护野生动物。因科学研究、种群调控、疫源疫病监测或者其他特殊情况，需要猎捕国家一级保护野生动物的，应当向国务院野生动物保护主管部门申请特许猎捕证；需要猎捕国家二级保护野生动物的，应当向省、自治区、直辖市人民政府野生动物保护主管部门申请特许猎捕证”。

国家重点保护野生动物都是珍贵、濒危的野生动物，是国家重点予以保护的野生动物，即列入《国家重点保护野生动物名录》的野生动物。《野生动物保护法》规定的原则是：禁止猎捕、杀害国家重点保护野生动物。但在特殊情况下，允许依照法律规定、遵循法律程序猎捕。这些特殊情况包括：因科学研究需要从野外自然环境中猎捕国家重点保护野生动物的；为调控野生动物种群需要猎捕国家重点保护野生动物的；因疫源疫病监测需要猎捕国家重点保护野生动物的；因其他特殊情况需要猎捕国家重点保护野生动物的。

科学研究可以为野生动物资源保护提供技术支撑，与野生动物保护管理至关重要。近些年来，国家加大野生动物科学研究的资金投入力度，越来越多的野生动物科学研究项目正在实施。有的科学研究项目在实施过程中需要从野外自然环境中猎捕野生动物个体，这对野生动物种群保护与管理具有重要意义。因此，因科学研究需要猎捕国家重点保护野生动物的，在获得行政许可后，可以依法进行。

为调控野生动物种群数量需要猎捕国家重点保护动物的，也属《野生动物保护法》所规定的特殊情况之一。种群调控是指为了提高野生动物的种群质量和维持自然生态系统平衡，在一定区域内，对现有野生动物种群数量、种群结构和种群繁育力等所进行的人为调节活动。在一定的空间范围内，野生动物生活的环境维持特定质量的最大种群数量是有限的。当野生动物种群数量超过环境所能容纳的最大种群数量时，野生动物对食物、配偶、领域、隐蔽地等的竞争趋于激烈，直接导致食物短缺、隐蔽条件下降、动物质量下降、繁殖率降低、死亡率加大、患传染病的风险加大等，必然造成种群数量下降。此时如果不进行调控，野生动物不仅会死于饥饿与营养不良、天敌、疾病，甚至有种群迅速灭亡的风险。另外，随着野生动物保护力度的加大，以及人们保护野生动物意识的提高，很多野生动物种群得到恢复，一些物种增长速度过快甚至泛滥成灾，给当地居民生活以及生态系统造成很大影响。有计划地开展猎捕活动，有助于调节野生动物种群数量和种群结构，进而提高野生动物生境和种群的质量，并能有效地遏制盗猎和乱捕滥猎现象，保障人们的生活生产安全。猎捕也是世界各国调控野生动物种群的最重要方法之一，如欧洲一些国家通过猎捕调控马鹿种群；美国猎捕野猪、新西兰猎捕塔尔羊等，目的都是调控野生动物种群数量。因此，因种群调控需要猎捕国家重点保护野生动物的，在获得行政许可后，可以依法进行。

根据《野生动物保护法》的规定，因疫源疫病监测的需要依法猎捕国家重点保护野生动物也是一种特殊情况。疫源疫病监测是指为防范野生动物疫病传播和扩散，维护公共卫生安全和生态安全，对野生动物疫源和疫病开展的监测、监控活动。野生动物疫病的传播和扩散，不仅威胁野生动物的安全，还有一些人畜共患的疫病将威胁到人类的安全。因此，加强野生动物疫源疫病监测是维护公共卫生安全和生态安全的需要。在处置重大野生动物疫源疫病过程中，特殊情况下确需猎捕国家重点保护野生动物的，应按照《野生动物保护法》的相关规定执行。

因其他特殊情况需要猎捕国家重点保护野生动物的，是《野生动物保护法》所规定的另外一种特殊情况，是指除科学研究、种群调控、疫源疫病监测以外的其他特殊情况，包括现实中以上三种情形以外的特殊情况，也包括将来遇到的特殊情况，这是一种立法上的兜底条款的规定。凡有这种特殊情况确需猎捕国家重点保护野生动物的，均可以按照《野生动物保护法》的相关规定执行。

2.3.2 猎捕国家重点保护野生动物的程序性规定

《野生动物保护法》虽然规定禁止猎捕、杀害国家重点保护野生动物，但同时规定因科学研究、种群调控、疫源疫病监测或者其他特殊情况，可以依法猎捕国家重点保护野生动物。

按照《野生动物保护法》的规定：因科学研究、种群调控、疫源疫病监测或者其他特殊情况，需要猎捕国家一级保护野生动物的，应当向国务院野生动物保护主管部门申请特许猎捕证；需要猎捕国家二级保护野生动物的，应当向省、自治区、直辖市人民政府野生动物保护主管部门申请特许猎捕证。取得了国务院野生动物保护主管部门核发的特许猎捕证的，猎捕者应当按照特许猎捕证规定的种类、数量或者限额、地点、工具、方法和期限进行猎捕，并不能猎捕国家二级保护野生动物和非国家重点保护野生动物，反之则是违法的；同样，取得了省、自治区、直辖市人民政府野生动物保护主管部门核发的特许猎捕证的，猎捕者也应当按照特许猎捕证规定的种类、数量或者限额、地点、工具、方法和期限进行猎捕，并不能猎捕国家一级保护野生动物和非国家重点保护野生动物，反之也是违法的。

根据《野生动物保护法》的有关规定，捕捉、捕捞国家重点保护的水生野生动物的，由国务院或者省级水生野生动物保护主管部依法核发特许捕捞证。

2.4 猎捕有重要生态、科学、社会价值的陆生野生动物和地方重点保护野生动物的规定

2.4.1 猎捕有重要生态、科学、社会价值的陆生野生动物和地方重点保护野生动物的原则规定

《野生动物保护法》第二十二条规定，“猎捕有重要生态、科学、社会价值的陆生野生动物和地方重点保护野生动物的，应当依法取得县级以上地方人民政府野生动物保护主管部门核发的狩猎证，并且服从猎捕量限额管理”。

国家重点保护野生动物与有重要生态、科学、社会价值的陆生野生动物和地方重点保护野生动物共同组成我国的野生动物资源，在维护生态平衡、保障生态安全方面发挥着不可替代的重要作用。同时，这些有重要生态、科学、社会价值的陆生野生动物和地方重点保护野生动物还是经济、科学研究、传统文化等领域不可或缺的自然资源。因此，我国《野生动物保护法》在对列入《国家重点保护野生动物名录》的国家重点保护野生动物实行重点保护的同时，对有重要生态、科学、社会价值的陆生野生动物和地方重点保护野生动物同样给予保护，法律规定也不允许随意猎捕。

《野生动物保护法》规定了猎捕有重要生态、科学、社会价值的陆生野生动物和地方重点保护野生动物的原则是服从猎捕量限额管理，即猎捕量不得大于增长量。该原则的意义在于只要猎捕量不大于

增长量，就能保障野生动物的简单再生产，就能保障野生动物的种群不会因为猎捕而消亡。猎捕量限额实际是法律规定允许猎捕的最大数额。依法确定猎捕量限额是县级以上地方人民政府野生动物保护主管部门的法定职责。确定猎捕量限额的前提是野生动物资源调查的真实数据。只有在掌握野生动物资源的真实情况下，才能制定出符合实际情况的猎捕量限额。

2.4.2 猎捕有重要生态、科学、社会价值的陆生野生动物和地方重点保护野生动物的程序性规定

根据《野生动物保护法》第二十二条的规定，“猎捕有重要生态、科学、社会价值的陆生野生动物和地方重点保护野生动物的，应当依法取得县级以上地方人民政府野生动物保护主管部门核发的狩猎证”。

有重要生态、科学、社会价值的陆生野生动物和地方重点保护野生动物分布范围较广，相对于国家重点保护野生动物数量较多，不属于濒危野生动物。因此，《野生动物保护法》规定：取得县级以上地方人民政府野生动物保护主管部门核发的狩猎证就可以依法猎捕。考虑到有重要生态、科学、社会价值的陆生野生动物和地方重点保护野生动物的资源数量，《野生动物保护法》规定狩猎证的核发机关为县级以上地方人民政府野生动物保护主管部门，国务院（中央人民政府）野生动物保护主管部门不能核发狩猎证。体现了国务院野生动物保护主管部门抓大事的指导思想。取得了县级以上地方人民政府野生动物保护主管部门核发的狩猎证的，猎捕者应当按照狩猎证规定的种类、数量或者限额、地点、工具、方法和期限进行猎捕，但不能猎捕国家重点保护野生动物，反之则是违法的。

狩猎证的具体核发工作按照当地人民政府或者野生动物保护主管部门的规定执行。

2.5 违法猎捕野生动物的法律责任

《野生动物保护法》第四十八条第一款规定：违反本法第二十条、第二十一条、第二十三条第一款、第二十四条第一款规定，有下列行为之一的，由县级以上人民政府野生动物保护主管部门、海警机构和有关自然保护地管理机构按照职责分工没收猎获物、猎捕工具和违法所得，吊销特许猎捕证，并处猎获物价值二倍以上二十倍以下罚款；没有猎获物或者猎获物价值不足五千元的，并处一万元以上十万元以下罚款；构成犯罪的，依法追究刑事责任：在自然保护地、禁猎（渔）区、禁猎（渔）期猎捕国家重点保护野生动物；未取得特许猎捕证、未按照特许猎捕证规定猎捕、杀害国家重点保护野生动物；使用禁用的工具、方法猎捕国家重点保护野生动物。

《野生动物保护法》第四十八条第二款规定：违反本法第二十三条第一款规定，未将猎捕情况向野生动物保护主管部门备案的，由核发特许猎捕证、狩猎证的野生动物保护主管部门责令限期改正；逾期不改正的，处一万元以上十万元以下罚款；情节

严重的，吊销特许猎捕证、狩猎证。

《野生动物保护法》第四十九条第一款规定：违反本法第二十条、第二十二条、第二十三条第一款、第二十四条第一款规定，有下列行为之一的，由县级以上地方人民政府野生动物保护主管部门和有关自然保护地管理机构按照职责分工没收猎获物、猎捕工具和违法所得，吊销狩猎证，并处猎获物价值一倍以上十倍以下罚款；没有猎获物或者猎获物价值不足二千元的，并处二千元以上二万元以下罚款；构成犯罪的，依法追究刑事责任：在自然保护地、禁猎（渔）区、禁猎（渔）期猎捕有重要生态、科学、社会价值的陆生野生动物或者地方重点保护野生动物；未取得狩猎证、未按照狩猎证规定猎捕有重要生态、科学、社会价值的陆生野生动物或者地方重点保护野生动物；使用禁用的工具、方法猎捕有重要生态、科学、社会价值的陆生野生动物或者地方重点保护野生动物。

《野生动物保护法》第四十九条第二款规定：违反本法第二十条、第二十四条第一款规定，在自然保护地、禁猎区、禁猎期或者使用禁用的工具、方法猎捕其他陆生野生动物，破坏生态的，由县级以上地方人民政府野生动物保护主管部门和有关自然保护地管理机构按照职责分工没收猎获物、猎捕工具和违法所得，并处猎获物价值一倍以上三倍以下罚款；没有猎获物或者猎获物价值不足一千元的，并处一千元以上三千元以下罚款；构成犯罪的，依法追究刑事责任。

《野生动物保护法》第四十九条第三款规定：违反本法第二十三条第二款规定，未取得持枪证持枪猎捕野生动物，构成违反治安管理行为的，还应当由公安机关依法给予治安管理处罚；构成犯罪的，依法追究刑事责任。

《野生动物保护法》第五十条第一款规定：违反本法第三十一条第二款规定，以食用为目的猎捕、交易、运输在野外环境自然生长繁殖的国家重点保护野生动物或者有重要生态、科学、社会价值的陆生野生动物的，依照本法第四十八条、第四十九条、第五十二条的规定从重处罚。

《野生动物保护法》第五十条第二款规定：违反本法第三十一条第二款规定，以食用为目的猎捕在野外环境自然生长繁殖的其他陆生野生动物的，由县级以上地方人民政府野生动物保护主管部门和有关自然保护地管理机构按照职责分工没收猎获物、猎捕工具和违法所得；情节严重的，并处猎获物价值一倍以上五倍以下罚款，没有猎获物或者猎获物价值不足二千元的，并处二千元以上一万元以下罚款；构成犯罪的，依法追究刑事责任。

2.5.1 违法猎捕野生动物的行政处罚

（1）违法猎捕、杀害国家重点保护野生动物的行政处罚

①违法猎捕国家重点保护野生动物的情形

违法猎捕国家重点保护野生动物是指违反《野生动物保护法》的相关规定，猎捕、杀害国家重点保护野生动物的行为。有以下三种情形：

第一，违反《野生动物保护法》的相关规定，在相关自然保护地和禁猎（渔）区、禁猎（渔）期内猎捕国家重点保护野生动物的。根据《野生动物保护法》第二十条的规定，在自然保护地、禁猎（渔）区、禁猎（渔）期内禁止猎捕以及其他妨碍野生动物生息繁衍的活动。除经过依法批准并取得特许猎捕证的以外，不得在自然保护地、禁猎（渔）区、禁猎（渔）期猎捕国家重点保护野生动物。法律法规另有规定的从其规定。

第二，未取得特许猎捕证、未按照特许猎捕证规定猎捕、杀害国家重点保护野生动物。根据《野生动物保护法》第二十一条的规定，禁止猎捕、杀害国家重点保护野生动物。因科学研究、种群调控、疫源疫病监测或者其他特殊情况，需要猎捕国家一级保护野生动物的，应当向国务院野生动物保护主管部门申请特许猎捕证；需要猎捕国家二级保护野生动物的，应当向省、自治区、直辖市人民政府野生动物保护主管部门申请特许猎捕证。《野生动物保护法》第二十三条还规定，“猎捕者应当严格按照特许猎捕证规定的种类、数量或者限额、地点、工具、方法和期限进行猎捕。因此，无论是未取得特许猎捕证猎捕、杀害国家重点保护野生动物，还是未按照特许猎捕证规定猎捕国家重点保护野生动物的，都是违法行为”。

第三，使用禁用的工具、方法猎捕国家重点保护野生动物。根据《野生动物保护法》第二十四条的规定，禁止使用毒药、爆炸物、电击或者电子诱捕装置以及猎套、猎夹、捕鸟网、地枪、排铳等工具进行猎捕，禁止使用夜间照明行猎、歼灭性围猎、捣毁巢穴、火攻、烟熏、网捕等方法进行猎捕，但因物种保护、科学研究确需网捕、电子诱捕以及植保作业等除外。县级以上地方人民政府还可以规定并公布上述规定以外的禁止使用的猎捕工具和方法。因此，使用禁用的工具、方法猎捕国家重点保护野生动物的，都是违法行为，应当承担相应的法律责任。

②违法猎捕国家重点保护野生动物的行政处罚

第一，没收猎获物、猎捕工具和违法所得。县级以上人民政府野生动物保护主管部门、海警机构和有关自然保护地管理机构，发现并确认违法行为人在相关自然保护地、禁猎（渔）区、禁猎（渔）期猎捕国家重点保护野生动物的或者未取得特许猎捕证、未按照特许猎捕证规定猎捕、杀害国家重点保护野生动物的，以及使用禁用的工具、方法猎捕国家重点保护野生动物的，应当根据违法行为发生地人民政府职责分工的规定对违法行为人进行处罚，没收猎获物、猎捕工具和违法所得。

第二，吊销特许猎捕证。县级以上人民政府野生动物保护主管部门发现并确认违法行为人在自然保护地、禁猎（渔）区、禁猎（渔）期猎捕国家重点保护野生动物，或者未按照特许猎捕证规定猎捕、杀害国家重点保护野生动物，以及使用禁用的工具、方法猎捕国家重点保护野生动物的，应当吊销其特许猎捕证；不具有核发特许猎捕证职能的野生动物保护主管部门、海警机构和有关自然保护地管理机构发现并进行处罚的，对于吊销特许猎捕证的处罚应当移交核发特许猎捕证的野生动物保护主管部门作出决定。

第三，罚款。县级以上人民政府野生动物保护主管部门、海警机构和有关自然保护地管理机构发现并确认违法行为人在相关自然保护地、禁猎（渔）区、禁猎（渔）期猎捕国家重点保护野生动物，或者未取得特许猎捕证、未按照特许猎捕证规定猎捕、杀害国家重点保护野生动物，以及使用禁用的工具、方法猎捕国家重点保护野生动物违法行为的，在按照职责分工没收猎获物、猎捕工具和违法所得，吊销特许猎捕证的同时，应当对违法行为人给予一定的经济处罚。对有猎获物的违法行为人，并处猎获物价值二倍以上二十倍以下的罚款；对没有猎获物或者猎获物价值不足五千元的违法行为人，并处一万元以上十万元以下的罚款。具体罚款数额由执法机关根据违法行为的性质、情节轻重以及造成的后果大小来决定。

（2）违法猎捕有重要生态、科学、社会价值的陆生野生动物或者地方重点保护野生动物的行政处罚

①违法猎捕有重要生态、科学、社会价值的陆生野生动物或者地方重点保护野生动物的情形

违法猎捕有重要生态、科学、社会价值的陆生野生动物或者地方重点保护野生动物是指违反《野生动物保护法》的相关规定，猎捕有重要生态、科学、社会价值的陆生野生动物和地方重点保护野生动物的行为。有以下三种情形：

第一，违反《野生动物保护法》的相关规定，在自然保护地、禁猎（渔）区、禁猎（渔）期猎捕有重要生态、科学、社会价值的陆生野生动物或者地方重点保护野生动物的，即区域或者期限违法。《野生动物保护法》第二十条规定，“在自然保护地和禁猎（渔）区、禁猎（渔）期内，禁止猎捕以及其他妨碍野生动物生息繁衍的活动，但法律法规另有规定的除外。野生动物迁徙洄游期间，在上述规定区域外的迁徙洄游通道内，禁止猎捕并严格限制其他妨碍野生动物生息繁衍的活动”。这里的野生动物包括国家重点保护野生动物，也包括有重要生态、科学、社会价值的陆生野生动物或者地方重点保护野生动物。这种违法行为主要是在特定区域范围内或者特定的期限内的违法行为，只要在自然保护地、禁猎（渔）区、禁猎（渔）期、迁徙洄游通道中的任何一个区域内或者特定的期限内猎捕有重要生态、科学、社会价值的陆生野生动物或者地方重点保护野生动物的，均应承担相应的法律责任。

第二，违反《野生动物保护法》的相关规定，未取得狩猎证、未按照狩猎证规定猎捕有重要生态、科学、社会价值的陆生野生动物或者地方重点保护野生动，即程序违法。《野生动物保护法》第二十二条规定，“猎捕有重要生态、科学、社会价

值的陆生野生动物或者地方重点保护野生动物的，应当依法取得县级以上地方人民政府野生动物保护主管部门核发的狩猎证，并且服从猎捕量限额管理”。根据《野生动物保护法》第二十三条第一款的规定，猎捕者应当严格按照狩猎证规定的种类、数量或者限额、地点、工具、方法和期限进行猎捕。有重要生态、科学、社会价值的陆生野生动物或者地方重点保护野生动物虽然分布范围较广、种群数量较大，不属于濒危状况，但是作为我国野生动物资源的重要组成部分，也不能随意猎捕。违反《野生动物保护法》的相关规定，未取得狩猎证、未按照狩猎证规定猎捕有重要生态、科学、社会价值的陆生野生动物或者地方重点保护野生动物的，都要承担相应的法律责任。

第三，违反《野生动物保护法》的相关规定，使用禁用的工具、方法猎捕有重要生态、科学、社会价值的陆生野生动物或者地方重点保护野生动物的，即方法违法。《野生动物保护法》第二十四条第一款规定，“禁止使用毒药、爆炸物、电击或者电子诱捕装置以及猎套、猎夹、捕鸟网、地枪、排铳等工具进行猎捕，禁止使用夜间照明行猎、歼灭性围猎、捣毁巢穴、火攻、烟熏、网捕等方法进行猎捕，但因物种保护、科学研究确需网捕、电子诱捕以及植保作业等除外”。凡违法使用上述工具、方法猎捕的，均要承担相应的法律责任。

②违法猎捕有重要生态、科学、社会价值的陆生野生动物或者地方重点保护野生动物的行政处罚

第一，没收猎获物、猎捕工具和违法所得。县级以上地方人民政府野生动物保护主管部门和有关自然保护地管理机构发现并确认违法行为人在自然保护地、禁猎（渔）区、禁猎（渔）期猎捕有重要生态、科学、社会价值的陆生野生动物或者地方重点保护野生动物的，或者未取得狩猎证、未按照狩猎证规定猎捕有重要生态、科学、社会价值的陆生野生动物或者地方重点保护野生动物的，以及使用禁用的工具、方法猎捕有重要生态、科学、社会价值的陆生野生动物或者地方重点保护野生动物的，给予没收猎获物、猎捕工具和违法所得的行政处罚。

第二，吊销狩猎证。县级以上地方人民政府野生动物保护主管部门和有关自然保护地管理机构发现并确认违法行为人在自然保护地、禁猎（渔）区、禁猎（渔）期猎捕有重要生态、科学、社会价值的陆生野生动物或者地方重点保护野生动物的，或者未取得狩猎证、未按照狩猎证规定猎捕有重要生态、科学、社会价值的陆生野生动物或者地方重点保护野生动物的，以及使用禁用的工具、方法猎捕有重要生态、科学、社会价值的陆生野生动物或者地方重点保护野生动物的，给予没收猎获物、猎捕工具和违法所得的同时，对于吊销狩猎证的行政处罚移交核发狩猎证的野生动物保护主管部门作出决定。

第三，罚款。县级以上地方人民政府野生动物保护主管部门和有关自然保护地管理机构发现并确认对违法行为人在自然保护地、禁猎（渔）区、禁猎（渔）期猎捕有重要生态、科学、社会价值的陆生

野生动物或者地方重点保护野生动物的，或者未取得狩猎证、未按照狩猎证规定猎捕有重要生态、科学、社会价值的陆生野生动物或者地方重点保护野生动物的，以及使用禁用的工具、方法猎捕有重要生态、科学、社会价值的陆生野生动物或者地方重点保护野生动物的，给予没收猎获物、猎捕工具和违法所得，吊销特许猎捕证的同时，对违法行为人给予罚款的行政处罚。对有猎获物的违法行为人，并处猎获物价值一倍以上十倍以下的罚款；对没有猎获物或者猎获物价值不足二千元的违法行为人，并处二千元以上二万元以下的罚款。具体罚款数额由执法机关根据违法行为的性质、情节轻重以及造成的后果大小来决定。

2.5.2 违法猎捕野生动物的刑事处罚

（1）违法猎捕、杀害国家重点保护野生动物的刑事责任

根据《野生动物保护法》第二十一条第一款的规定，禁止猎捕、杀害国家重点保护野生动物。《野生动物保护法》第四十八条同时规定，违反本法第二十条、第二十一条、第二十三条第一款、第二十四条第一款规定，在自然保护地、禁猎（渔）区、禁猎（渔）期猎捕国家重点保护野生动物的，或者未取得特许猎捕证、未按照特许猎捕证规定猎捕、杀害国家重点保护野生动物的，以及使用禁用的工具、方法猎捕国家重点保护野生动物构成犯罪的，依法追究刑事责任。

根据《中华人民共和国刑法》（以下简称《刑法》）第三百四十一条的规定，“非法猎捕、杀害国家重点保护的珍贵、濒危野生动物的，处五年以下有期徒刑或者拘役，并处罚金；情节严重的，处五年以上十年以下有期徒刑，并处罚金；情节特别严重的，处十年以上有期徒刑，并处罚金或者没收财产”。具体罪名为危害珍贵、濒危野生动物罪，至于给予何种具体刑事处罚由人民法院根据犯罪行为的性质、目的、情节轻重以及造成的后果大小来决定。

（2）违法猎捕有重要生态、科学、社会价值的陆生野生动物或者地方重点保护野生动物的刑事责任

根据《野生动物保护法》第二十二条的规定，猎捕有重要生态、科学、社会价值的陆生野生动物或者地方重点保护野生动物的，应当依法取得县级以上地方人民政府野生动物保护主管部门核发的狩猎证。《野生动物保护法》第四十九条规定，“违反本法第二十条、第二十二条、第二十三条第一款、第二十四条第一款规定，在自然保护地、禁猎（渔）区、禁猎（渔）期猎捕有重要生态、科学、社会价值的陆生野生动物或者地方重点保护野生动物的，或者未取得狩猎证、未按照狩猎证规定猎捕有重要生态、科学、社会价值的陆生野生动物或者地方重点保护野生动物的，以及使用禁用的工具、方法猎捕有重要生态、科学、社会价值的陆生野生动物或者地方重点保护野生动物构成犯罪的，依法追究刑事责任”。

根据《刑法》第三百四十一条第二款的规定，违

反狩猎法规，在禁猎区、禁猎期或者使用禁用的工具、方法进行狩猎，破坏野生动物资源，情节严重的，处三年以下有期徒刑、拘役、管制或者罚金。具体罪名为非法狩猎罪，至于给予何种具体刑事处罚由人民法院根据犯罪行为的性质、目的、情节轻重以及造成的后果大小来决定。

（3）以食用为目的违法猎捕在野外环境自然生长繁殖的其他陆生野生动物的法律责任

《野生动物保护法》第三十一条规定，禁止食用国家重点保护野生动物和国家保护的有重要生态、科学、社会价值的陆生野生动物以及其他陆生野生动物。禁止以食用为目的猎捕上述野生动物。根据《野生动物保护法》第五十条第一款的规定，违反《野生动物保护法》第三十一条第二款规定，以食用为目的猎捕在野外环境自然生长繁殖的国家重点保护野生动物或者有重要生态、科学、社会价值的陆生野生动物，依照《野生动物保护法》第四十八条、第四十九条的规定从重处罚。违反《野生动物保护法》第三十一条第二款规定，以食用为目的猎捕在野外环境自然生长的其他陆生野生动物的，由县级以上地方人民政府野生动物保护主管部门和有关自然保护地管理机构按照职责分工没收猎获物、猎捕工具和违法所得；情节严重的，并处猎获物价值一倍以上五倍以下罚款，没有猎获物或者猎获物价值不足二千元的，并处二千元以上五千元以下罚款；构成犯罪的，依法追究刑事责任，即构成非法猎捕陆生野生动物罪，处三年以下有期徒刑、拘役、管制或者罚金。

2.5.3 未将猎捕情况备案行为的法律责任

《野生动物保护法》第二十三条第一款规定，猎捕者应当严格按照特许猎捕证、狩猎证规定的种类、数量或者限额、地点、工具、方法和期限进行猎捕。猎捕作业完成后，应当将猎捕情况向核发特许猎捕证、狩猎证的野生动物保护主管部门备案。具体办法由国务院野生动物保护主管部门制定。目前，国家林业和草原局正在组织起草制定猎捕管理办法，并将对猎捕和备案的操作程序等问题作出具体规定。在国家林业和草原局的管理办法没有出台以前，只要《野生动物保护法》正式实施以后，猎捕者就应当按照《野生动物保护法》的上述规定，在猎捕作业完成后，应当将猎捕情况向核发特许猎捕证、狩猎证的野生动物保护主管部门进行备案，这是猎捕者应当依法履行的法律义务。关于猎捕者备案的规定既是对猎捕者的要求，也是野生动物保护主管部门履行监督管理职责的形式，双方都应当依法执行。

猎捕者猎捕作业完成后未履行将猎捕情况向核发特许猎捕证、狩猎证的野生动物保护主管部门备案义务的，依法应当承担相应的法律责任。根据《野生动物保护法》第四十八条第二款的规定，违反《野生动物保护法》第二十三条第一款规定，未将猎捕情况向野生动物保护主管部门备案的，由核发特许猎捕证、狩猎证的野生动物保护主管部门责令限期改正；逾期不改正的，处一万元以上十万元以下罚款；情节严重的，吊销特许猎捕证、狩猎证。《野生动物保护法》所规定的责令限期改正、罚款和吊销特许猎捕证、狩猎证，都是行政处罚。至于什么情况属于逾期不改正和情节严重的，则待国家林业和草原局的管理办法中作出具体规定。

2.5.4 违法持枪猎捕野生动物的法律责任

《野生动物保护法》第二十三条第二款的规定，持枪猎捕的，应当依法取得公安机关核发的持枪证。根据《野生动物保护法》第四十九条第三款的规定，“违反本法第二十三条第二款规定，未取得持枪证持枪猎捕野生动物，构成违反治安管理行为的，还应当由公安机关依法给予治安管理处罚；构成犯罪的，依法追究刑事责任”。

《野生动物保护法》第二十三条第二款规定，持枪猎捕的，即包括持枪猎捕国家重点保护野生动物，也包括持枪猎捕有重要生态、科学、社会价值的陆生野生动物和地方重点保护野生动物。对未取得持枪证持枪猎捕野生动物的行为，必然构成违反治安管理的行为，还应当由公安机关依法给予治安管理处罚。按照《治安管理处罚法》第三十二条规定，非法携带枪支、弹药或者弩、匕首等国家规定的管制器具的，处五日以下拘留，可以并处五百元以下罚款；情节较轻的，处警告或者二百元以下罚款。非法携带枪支、弹药或者弩、匕首等国家规定的管制器具进入公共场所或者公共交通工具的，处五日以上十日以下拘留，可以并处五百元以下罚款。构成犯罪的，按照刑法第一百二十八条第一款的规定，违反枪支管理规定，非法持有、私藏枪支、弹药的，处三年以下有期徒刑、拘役或者管制；情节严重的，处三年以上七年以下有期徒刑。具体罪名为非法持有枪支、弹药罪。对未取得持枪证持枪猎捕野生动物的，由执法机关根据违法行为人的违法行为情节轻重和上述法律规定给予具体处罚。

2.6 猎捕人员的组织形式与管理

为加强野生动物种群调控，科学预防和控制野生动物对农作物等的危害，规范野生动物猎捕行为，做好野生动物流行病害防控工作，根据《野生动物保护法》和《枪支管理法》等法律法规的规定，猎捕活动通常以猎捕专业队的形式进行。

2.6.1 组织形式

《野生动物保护法》第二十三条规定，猎捕国家重点保护野生动物应当由专业机构和人员承担；猎捕有重要生态、科学、社会价值的陆生野生动物，有条件的地方可以由专业机构有组织开展。设立专门猎捕野生动物的主体，有利于保护野生动物资源和便于对狩猎活动加以管理。实践中，多数地方都是采取政府引导、市场化运作的模式建立具有独立法人资质、常年猎捕野生动物的专门队伍。引导有经济实力和基础条件的法人单位或自然人，投资组建从事护农猎捕的野生动物保护、饲养、科研的企业法人或农民专业合作社，营业执照的经营范围体现为野生动物保护、生物学研究服务、护农猎捕等内容。

2.6.2 人员管理

按照承担野生动物种群调控和护农猎捕的野生动物保护、饲养、科研单位的实际需要，配备具有猎捕野生动物技能特长的人员和安全管理人员承担猎捕工作。通过组织开展多种形式的培训，提高猎捕人员的法律意识和猎捕技能，增强安全防范意识和野生动物保护意识。猎捕人员参加专业培训且通过考试后获得结业证，才具备参与猎捕的资格；没有参加培训并通过考试者将不能承担猎捕国家重点保护野生动物的职责。国家鼓励有条件的地方，由专业机构和人员承担猎捕有重要生态、科学、社会价值的陆生野生动物的职责。

2.6.3 猎枪弹具的配置和管理

从事猎捕野生动物的野生动物保护、饲养、科研单位应当建设规范的枪弹库，按照有关规定向公安机关申请配置猎枪弹具（含麻醉注射枪），并实行24小时值班制度。库存的不符合规定的猎枪、弹具应由当地政府有关部门统一组织收回、调换。

2.6.4 猎捕活动管理

猎捕专业机构和人员应当严格遵守特许猎捕证、狩猎证和民用枪持枪证“两证”管理制度，按照特许猎捕证、狩猎证规定的种类、数量或者限额、地点、期限、工具和方法等实施猎捕，猎捕作业完成后依法向核发特许猎捕证、狩猎证的野生动物保护主管部门备案，并申请猎捕的野生动物进行查验；猎枪弹具不得带出民用枪持枪证规定的限定区域；没有设立猎捕专业机构的县（市、区）因猎捕野生动物等应急需要，可以由当地政府出资，邀请相关猎捕专业机构跨区域提供有偿服务。跨区域实施猎捕的，应当提供猎捕地县级或者乡镇人民政府的邀请函，依法向公安机关办理猎枪弹具运输、使用等审批手续，向猎捕地县级以上人民政府野生动物保护主管部门办理猎捕审批手续。

第3章
狩猎工具及装备

猎人想要获得猎物，需要使用一定的狩猎工具与装备，运用一定的狩猎技能与方法才能达到狩猎目的。在狩猎过程中，猎人必须严格遵守法律，使用规定范围内的狩猎工具与装备。常用的猎捕工具包括狩猎枪支、狩猎枪弹、弓弩、猎刀、猎犬、猎鹰以及各类辅助工具等。为确保猎人在使用狩猎工具过程中的安全，提高狩猎技巧，具备扎实狩猎工具的基本知识是十分重要的。

本章主要对狩猎枪支及弹药进行介绍，包括狩猎枪支的发展历史、狩猎枪支类型、狩猎枪支的基本结构、狩猎弹药的基本结构与类型以及狩猎弹药选择等内容，并对狩猎弓弩结构、类型与原理、猎犬、猎禽、猎刀、瞄准具等狩猎辅助工具进行介绍。旨在让猎人了解狩猎工具的同时，丰富狩猎有关知识，更好地选择适合自己的狩猎工具，更好地夯实狩猎技巧，让猎人在合法、规范、科学的狩猎活动中拥有更好的狩猎体验。

3.1　狩猎枪支及枪弹

3.1.1　狩猎枪支历史

根据历史资料记载，世界上最早的管形射击火器，是中国南宋开庆元年（公元1259）创制的竹管突火枪。它是用竹子做成的管子，里面装上火药，然后安上“子巢”，火药点着后发出爆炸和火焰，把“子巢”射向敌人，其声音可传至150步远。从原理上说，这种“突火枪”已经接近于现在的枪械了。13世纪末中国又发明了形似火铳的金属管形射击火器，是用火药发射石弹、铅弹或铁弹，能在较远距离杀伤敌人。中国人发明的火药传到西方后，14世纪在欧洲出现了最初的枪械——火门枪。它是由一根长度不到250毫米的黄铜或青铜铸的圆筒，固定在1.2～1.5米长的木棍或长矛上构成。口径2.5～4.5毫米，从枪管尾部与内膛相通的小孔——火门点燃火药，发射由石头或金属制成的弹子。由于该枪无法瞄准，射击精度自然很差。其最大射程约180米，有效射程仅约45米。

16世纪中叶出现了撞击和燧石枪。燧石被夹在机头上，扣引扳机，在弹簧的作用下撞击打火钣，迸发火星点燃火药。这种枪的结构简单，使用方便，射击精度有所改善。

公元1495年，神圣罗马帝国皇帝马克西米连一世发明了前膛枪，后来这种枪支成为作战双方使用的主要武器。20世纪末在中国的一些偏远地区还有猎人用前膛枪作为狩猎工具。南方称为土铳；北方称老洋炮，也称火药枪。前膛枪结构简单，由枪管、打击锤装置、扳机、护木、枪托等零件所组成。此种枪必须使用有烟火药、铸铁霰弹。火药及霰弹从枪口送入枪膛内部。前膛枪是猎取中小型野生动物的枪支（现已禁用）。公元1833年普鲁士人法雷斯在前膛枪的基础上发明了后膛枪。虽然改为后膛上子弹，但缺点仍然很多。例如，射程近、弹头飞出枪口后常常偏离轨迹、遇上强气流时弹头受风的阻力就会翻筋斗，因此，它的命中率也非常低。一位武器专家根据陀螺旋转原理设计出在枪管内表面上拉制出多头螺旋线，这个设计是非常成功的，它提高了弹丸定向准确性及穿透力，同时也大大地提高了射击距离。膛线枪枪管一般有5条螺旋线，弹头以每秒3600旋转次数向前运行。膛线猎枪与军用步枪结构是相同的，只是在子弹上与步枪有所区别。有效射程比步枪稍短，大约400米。此种猎枪适宜于深山老林中猎取大型野生动物，如虎、熊、野猪、鹿等。滑膛猎枪是猎人游猎时常用的一种霰弹枪支。滑膛枪是指枪膛内孔没有旋膛线（螺旋线），而是加工成为高精度的光滑镜面。滑膛枪是现代使用最普及的狩猎工具，一般称之为猎枪。

3.1.2 狩猎枪支

猎枪是专门为了狩猎而生产的枪支，绝大部分是滑膛枪，即枪管内壁光滑，没有膛线，此类猎枪主要是使用霰弹，即在一发猎枪弹中装填有多粒圆形金属弹丸，所以也被称为霰弹枪。射击时，霰弹枪弹内的弹丸离开枪口后，开始向四周扩散，形成一个霰弹束，离开枪口的距离越远，散布面积越大，使击中猎物的概率大大增加，特别适宜猎取运动中的小型猎物，是运动娱乐型狩猎的最主要工具。也有部分用于狩猎的步枪称为狩猎步枪，子弹为独弹，适宜在较远的距离上猎取大中型猎物。

▲ 立式双筒猎枪

（1）枪支的基本结构

猎枪是由枪管、护木、机匣和枪托四大部分组成。对猎人来说，需要了解以下的枪支结构基本特征。

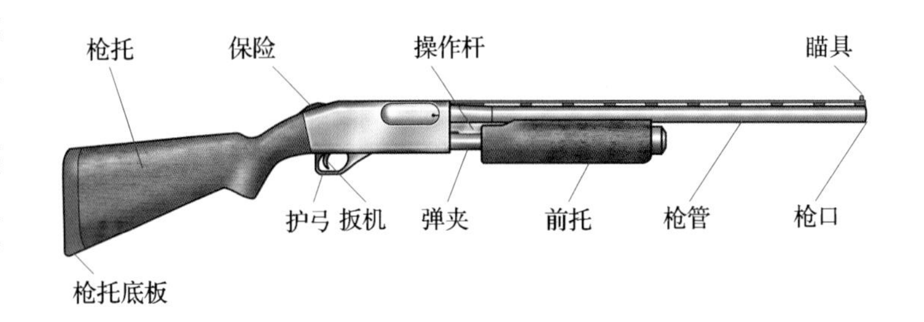

▲ 霰弹枪结构

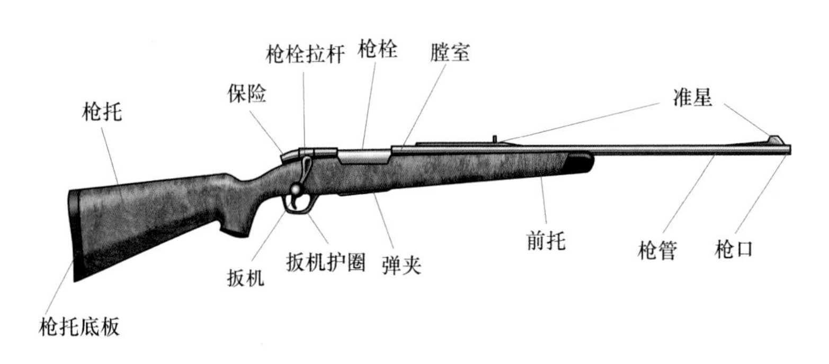

▲ 狩猎步枪结构

①枪托

枪托位于枪的末端，是枪支的组成部分之一。主要作用是开枪时抵消子弹发射时产生的后坐力，同时保障射手在射击时保持平衡。

②枪机

枪机是完成手动方式子弹上膛、射击和退弹的装置。

③枪管

枪管是管状结构，用于子弹发射后弹头行进的通道。

来福枪的枪管内部具有来复线结构。来复线（即螺旋线）位于枪管内面，分为阳线和阴线。来复线可以使子弹击发后的弹头旋转，形成稳定的弹道飞行路线，提高精确度和扩大有效杀伤距离。

霰弹枪是以发射散弹为主的滑膛枪械。

④瞄具

瞄具是用于射击时瞄准的金属装置，分为觇孔式瞄具、开放式瞄具、光学瞄具等。

⑤枪口

枪口位于枪管的末端，是子弹发射后弹头的出口处。

⑥扳机

扳机是组成枪械的零件，射击时用手扳动它使枪弹射出。扣压扳机，通过机械传动来释放阻铁，以使撞针或击锤击发弹药。一般会扣动下三分之一处，保持射击精度，不然会有偏差。

⑦保险

保险是控制猎枪击发的装置。关上保险后，即使猎人扣动扳机，枪支也无法击发。打开保险（解除保险）后，枪支才能正常击发。

⑧集束器

集束器是安装在霰弹枪枪口，用于控制子弹散布的装置。集束器根据不同类型的射击和狩猎需求有不同的型号。控制弹丸的散布可以让射击距离更远。在狩猎大型猎物的活动中，霰弹枪通常使用鹿弹。

（2）狩猎步枪

狩猎步枪，是指猎人专门用于猎取野生动物的各类步枪统称。狩猎时步枪比霰弹枪射程远，特别是中、远距离射击精度比霰弹枪高，威力和射杀力也比较大，这是狩猎步枪的特点，也是作为狩猎枪支的主要原因。

最常用的狩猎步枪即来福枪，又称“来复枪”。来福枪是英文rifle的音译，意思是枪管中的膛线。来福枪的种类很多，可以认为凡是具有膛线的枪都可以称作来福枪。

①杠杆式枪机

杠杆式枪机就是经常在美国西部电影中牛仔们使用的长枪，该枪机上膛迅速、结构简单、安全可靠。

▲ 杠杆式枪机

②栓式枪机

在狩猎场上最常见到的步枪就是栓式枪机。依靠前后拉栓来打开与关闭枪机，向前推动枪栓后向下压住枪机来使射击就位。射击后向上拉起枪栓后向后拉动将弹壳退膛。

虽然栓式步枪无法达到半自动或全自动的设计要求，而且只能单发，装弹和退壳都需要手动操作，

▲ 栓式枪机

但由于它易于维护、射的很准，目前在运动射击中仍被使用。

③泵动式枪机

和泵动式霰弹枪的使用方法相同，射手需要向后拉动前护木完成退弹，然后向前拉动护木完成上膛。通过前护木的推拉打开和关闭底部的管状的膛室快速装弹和退弹，达到快速射击的目的。

▲ 泵动式枪机

④折管式枪机

大多数为双管构造，分为水平式和上下排列两种构造，来福枪和滑膛枪均有此类枪机，装弹后合上枪机后即可击发，射击后推动释放杆即可打开枪机退弹。折管式枪机操作便捷，适合初级猎手在培训和狩猎中使用。

▲ 折管式枪机

（3）狩猎霰弹枪

①土铳

土铳在全国各地有不同的称呼，如鸟枪、鸟铳、土枪、土铳、粉枪等。土铳使用散装的发射药和弹丸，利用铜火帽发火，发射时用手扳起击锤，扣动扳机就可以发射。土铳结构简单，制造方便，价格低廉。但是，土铳在结构上存在着严重的缺陷，如没有保险装置，装填弹药程序复杂，退弹非常困难。加上国内的土铳都是手工生产，制造工艺低劣，材料因陋就简，枪支质量不能保障，很容易发生人身伤亡事故。根据相关法律规定，土铳属于禁止使用的狩猎工具。

早在100多年前，国外就淘汰了土铳这种前装击发枪。从枪支管理上看，国内没有定点生产土铳的工厂，所有的土铳都属于非法枪支，应该取缔。但是，在边远地区和农村仍然存有少量土铳，而且大量的狩猎伤亡事故都与土铳有关。因此，了解土铳的缺陷有利于减少狩猎事故的发生。

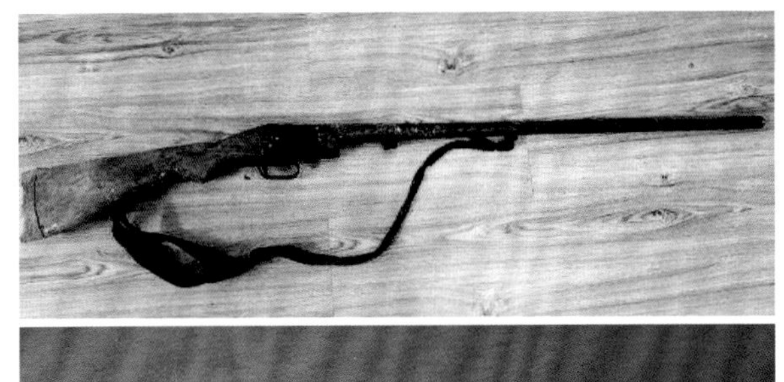

▲ 前装击发枪（上）土铳（下）

②铰接式猎枪

铰接式猎枪是最经典的猎枪结构，也是所有现代猎枪的鼻祖。铰接式猎枪是由前方枪管和后面的机匣（与枪托连接在一起）两部分组成，两者在枪支中部通过一个销栓连接起来。枪管可以围绕销栓向下旋转，打开枪尾，露出枪膛，装填子弹，然后向上转动枪管，关闭弹膛即可击发。

铰接式猎枪又可以分成单管和双管两种类型。单管猎枪只有一根枪管，结构紧凑，质量轻，操作便捷，射程远，价格低廉，最适宜作为初学者以及儿童的启蒙枪支。从结构上讲，双管猎枪相当于把两支单管猎枪拼装在了一起，两根枪管水平排列的称为平式双管猎枪，上下排列的称为立式双管猎枪。平管猎枪外观精美、操作舒适、制作工艺考究，是猎枪中的贵族；立式双管虽然外观有点粗笨，但结构牢靠，可以大规模机械化生产，价格低廉，准确度高，深受务实的普通猎人欢迎，是最常见的双管猎枪。

双管猎枪是经典的狩猎枪支，两根枪管中可以装填弹丸大小不同的猎枪弹，猎人可以根据猎物的大小，自由选择发射的枪管，取得最佳的狩猎效果。如果第一发没有击中，猎人只需把食指移到后扳机上就可以再次击发，补射极为迅速。铰接式猎枪也是所有猎枪中最安全的，猎人只需打开枪膛，枪支就无法击发，此时还可以显示枪膛内是否有子弹，枪管内是否有堵塞物。

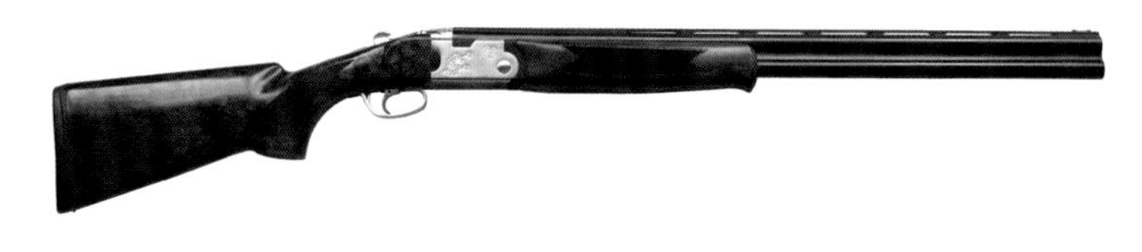

▲ 铰链式猎枪

③唧筒式猎枪

唧筒式猎枪的枪管下方有一个管型弹仓，弹仓外套着护木，护木可以沿着弹仓前后运动。护木与枪机组件联结在一起，猎人只需用左手抓住护木往后拉再前推，就能退出弹壳，顶上下一发子弹，完成射击准备。由于护木的前后动作与唧筒的运动方式类似，所以得到了唧筒式这个名称。这种猎枪也叫泵式猎枪。

唧筒式猎枪可以在不改变瞄准姿势的情况下退壳和上膛，而且退壳上膛的动作还具有调整枪口指向的作用，有利于提高连续射击。唧筒式猎枪结构简单、性能可靠、价格低廉，对猎枪弹质量要求不高，特别适合在恶劣的野外环境使用，在美国特别受欢迎。唧筒式猎枪操作简便、射速快、威力大，也被广泛地用作防暴枪和家庭自卫武器。

▲ 唧筒式猎枪

④自动装填猎枪（半自动猎枪）

使用自动装填猎枪时，猎人需要人工把第一发子弹装入弹膛，然后按下扳机释放钮，关闭扳机，再向弹仓内装填子弹。击发后，猎枪会自动完成抽壳、抛壳、装弹和挂机的整个射击循环。猎人扣动一次扳机，就可以发射一次，直到打完弹仓内的所有子弹。因为这个原因，自动装填猎枪也被称为半自动猎枪。半自动猎枪由于射击快速、方便，是最受猎人特别是新猎人欢迎的猎枪。由于子弹火药的一部分能量用于自动装填，所以半自动猎枪的后坐力比其他样式的猎枪降低30%。半自动猎枪在国内被称为连发猎枪。三连发猎枪的弹仓可以容纳2发子弹，加上枪膛内的一发，猎人只需扣动3次扳机，就可以连续发射3次，所以称为三连发。同样，五连发猎枪的弹仓能容纳4发子弹，七连发猎枪的弹仓能容纳6发子弹。

▲ 自动装填猎枪

（4）狩猎手枪

国际狩猎通用的手枪主要分为2个类型，一种是转轮式狩猎手枪，另一种是半自动式手枪。狩猎手枪一般包括枪管、枪身、枪机三个部分。

枪管：与枪身连接的管状结构，是子弹击发后弹头射出的装置。枪管的长度有多种，枪管的长度越长射击的精准度越高。

枪身（枪架）：连接手枪所有部件的装置。

枪机：装弹、退弹、击发的装置。

左轮手枪枪机：一种用扳机控制击锤的手枪。通过按压释放按钮将转轮与枪架分离，装弹后将转轮推入枪架后锁定。开始扣动扳机时转轮会旋转准备下一发子弹击发，击锤同时进入射击位置。扳机完全被扣动时击锤落下撞击击发撞针完成发射。当击锤手动扳向后方锁定后，只要扣动扳机子弹就会被

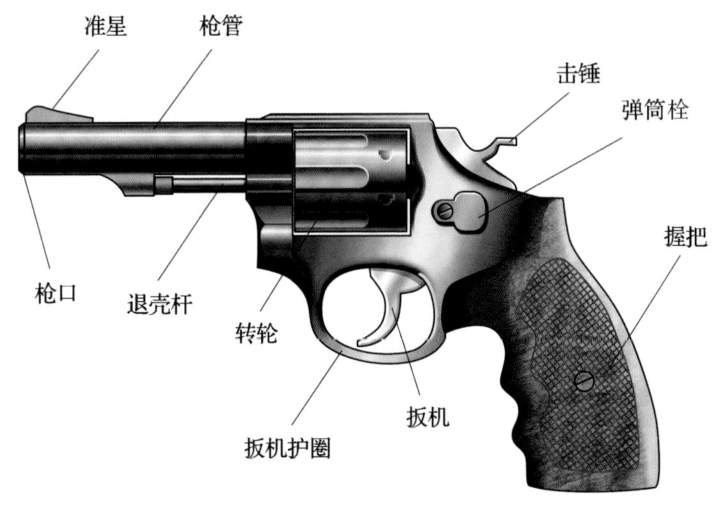

▲ 转轮式狩猎手枪

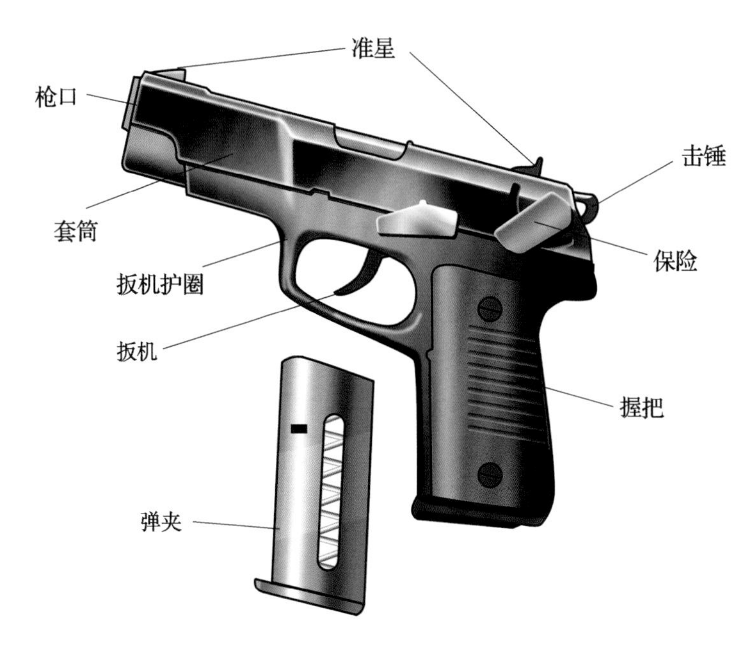

▲ 半自动式狩猎手枪

击发。退弹时按压释放按钮后将转轮与枪架分离，推动退弹杆完成退弹。左轮手枪枪机没有保险装置，携带时需要确定击锤对应的枪膛内没有子弹。

半自动手枪枪机：具有自动装弹和手动射击的特点，类似于半自动步枪和来复枪。半自动手枪的后坐力较小，将子弹装入弹夹后推入手枪把手底部的弹仓，拉簧上膛后完成击发准备，每次击发后下一发子弹重复被推入枪击位置。保险装置根据不同的枪型都有差异，需要根据具体型号辨别使用。

3.1.3 狩猎枪弹

国内猎人对枪支很重视，对子弹却关注不够，这实际是本末倒置。其实，枪支最多也不过是一种工具，它的功能只是把子弹发射出去，最终起作用的是发射出的弹丸。因此，要获得预期的狩猎效果，就需要根据狩猎动物的种类，选择使用最合适的枪支和子弹。对一个合格的猎人来说，熟悉不同型号子弹的性能，如何正确选择适合自己的枪支和猎物种类的子弹是非常重要的。

（1）枪弹的基本结构

子弹即枪弹。由弹壳、底火、发射药、弹头四部分组成。发射时由撞针撞击底火，使发射药燃烧，产生气体将弹头推出。无论是什么样式和形状的子弹，它都是由弹丸、药筒（弹壳）、发射药和火帽（底火）四个部分构成的。对于子弹来说，无论是用于什么用途，国际上通用的发射药大多为无烟火药。无烟火药可分为：单基、双基、三基（其主要成分为硝化棉），枪械多用单基药。对于不同

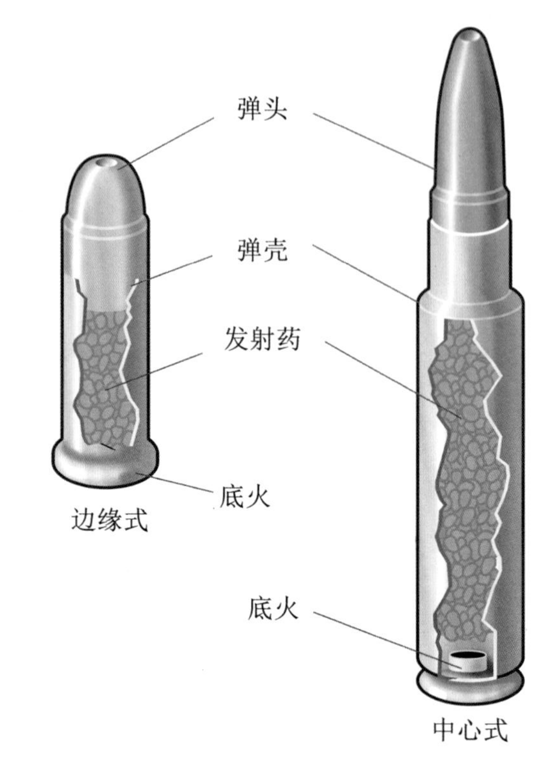

▲ 狩猎子弹

的枪械用弹有不同的要求。如手枪多采用多孔速燃单基药。步枪为表面采用加光并钝化的单孔颗粒单基药。

底火：由传火孔、发火砧及击发剂组成。其作用是击发时产生火焰，迅速点燃发射药。击发时，击发剂受击针与发火砧的冲击而发火，火焰通过传火孔点燃发射药。

当发射时，击针激发火帽（底火）。底火迅速燃烧引燃药筒（弹壳）内的发射药，发射药产生瞬燃，同时产生高温和高压，将弹丸（弹头）从药筒内挤出，这时的弹丸在发射药产生的高压的推动下，向前移动，受到膛线的挤压，产生旋转，最终被推出弹膛。

（2）枪弹类型

常用的子弹类型分为中央发火式和边缘发火式。中央发火式子弹的底火在弹壳底部的中心位置，撞针撞击火帽时击发子弹；边缘发火式子弹的底火在弹壳底部的边缘，撞针撞击子弹底部边缘的任何位置都会击发子弹。

在准备射击或狩猎前永远要先确认枪弹型号匹配，所有枪支都会在枪机上标注枪管口径和弹药口径，子弹底部中央发火外缘也标注子弹型号以及匹配枪型。

表3-1　常见弹丸类型

弹丸							
编号	9	8	7.5	7	6	5	4
直径（毫米）	2.00	2.25	2.375	2.5	2.75	3.00	3.25
编号	3	2	1	0	2/0	3/0	4/0
直径（毫米）	3.5	3.75	4.00	4.25	4.5	4.75	5.00

表3-2　常见鹿弹类型

鹿弹											
编号	L8	L7	L6	L5	L4	L3	L2	L1	L1/0	L2/0	L3/0
直径（毫米）	5.25	5.50	5.75	6.00	6.30	6.80	7.05	7.65	7.90	8.65	9.1

（3）狩猎步枪子弹

①子弹的结构

弹头：弹头的射击对弹药的效能具有重要影响。

壳颈：用于固定弹头且使其与膛线处于同一曲线。

壳肩：与老式弹壳相比，现在的弹壳肩部角度更锐，与弹头呈30°角或更小。这是为了更有效地燃尽弹药。

▲ 狩猎步枪子弹

弹壳：保护弹头、火药和底火的铜质或铁质壳体。

发射药：可以是球状或圆柱状。发射药的燃烧速率由弹头重量、弹壳容量和弹壳形状决定。

锥度：现代弹壳的壳体锥度非常小，老式弹壳则不然。减小锥度可以增加装药空间，而较大的锥度能保证点火的可靠性。

底缘：无底缘弹壳只是底缘几乎没有超出退壳凹槽。底缘弹壳没有凹槽，有更宽的底缘。

底座：支撑着底火凹洞，其上标有子弹的口径和型号。

底火：由底火杯、底火砧座和引药组成。底火有多种规格，有的带有较长的燃烧火焰，麦格农填充的则是缓爆发射药。

②弹头种类

不同弹头的差异，并不止常说的口径，还有重量、形状和结构。从结构上看，弹头有三种基本类型：粉碎型弹头、非扩张型弹头、扩张型弹头。

粉碎型弹头（frangible bullets）。粉碎型弹头在击中目标后，会分解成极小的碎片，损害的范围通常在目标的表面附近。由于接触目标后即粉碎，这种弹头的穿透力很有限，所以也被称为最安全的弹头，常用于狩猎约13千克的猎物，如狐鼠类。致死的方式是在命中点周围形成严重损伤。专用于狐鼠类猎物的粉碎型弹头，又称“狐鼠型弹头”。扩张型弹头和非扩张型弹头的结构比粉碎型弹头稳固，可以直接穿过动物身体，造成的伤害一般不能马上致死，动物中弹后可能会经受痛苦的垂死挣扎。所以，崇尚人道主义的猎人，猎小型猎物时一般更倾向于使用粉碎型弹头。

非扩张型弹头（non-expanding bullets）。非扩张型弹头（即常说的FMJ，全金属包覆弹头）在命中目标后依然会保持原状，由于弹头未发生扩张，所以它的穿透力通常比粉碎型或扩张型弹头强得多。而由于造成的伤口小，非扩张型弹头很少能使体型如鹿般大小的猎物马上死去。因此，这种弹头在大部分地区都禁止使用，几乎在全北美都禁止用于大型动物狩猎。只有部分非洲猎人，在狩猎体型极大、毛皮极粗厚及骨骼强健的猎物时，才会使用非扩张型的圆头弹，因为这些动物的狩猎对穿透力要求极高。猎人的猎杀方式，一般是造成猎物软组织的重大伤害，尤其是心肺区，这样能最大提高命中概率并使动物尽快死去。

扩张型弹头（expanding bullets）。扩张型又称“控制扩张型”弹头，是在子弹命中目标后发生蘑菇形的扩张，这种弹头的设计最为复杂，但也最常用，几乎所有大型动物枪弹都属于这种类型。一枚

▲ 粉碎型弹头

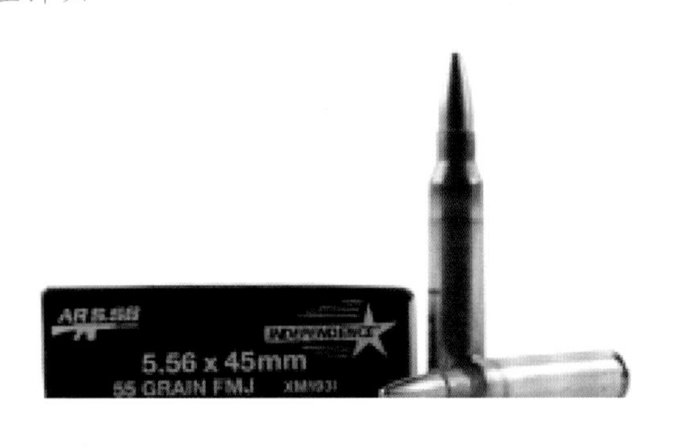

▲ 非扩张型弹头

▲ 扩张型弹头

扩张型子弹的穿透力，可用英寸或英尺衡量，具体基于子弹的设计、断面密度、子弹击中的扩张媒介以及子弹击中媒介后运动的速度。

③弹头形状

平底圆头弹是钝头的，这种形状的弹头，能保证前端容纳足够的铅，尤其是子弹飞行速度较低时可以更可靠地扩张。这样的设计，也能让子弹以相对较直的路径向前穿透，即使在飞行过程中受到枝叶和树丛的干扰，偏离弹道的概率也较低。不过，这种钝头的设计，也使子弹无可避免将遭受更大的空气阻力，飞行过程中减速更快，弹道相对其他形状的弹头也会稍显弯曲。

▲ 弹头类型（从左至右依次为：平底圆头型、平底尖头型、艇尾尖头型、VLD型）

尖头与半尖头弹头都是尖头平底。尖头弹的前端是锐尖形的，能最大减少空气阻力，保持弹道平直。不过在击中目标时，如果不发生扩张，它们会有些许的滚摆；如果发生扩张，也不如平头弹那么稳定可靠。半尖头弹的前端则比尖头弹圆钝些。

艇尾型尖头弹，是最符合流线型设计的猎弹。这种弹头的前端是尖的，尾端像小艇尾端一样收缩，这样的设计，能最大地减少空气阻力，飞行时弹道也比其他形状的子弹更平直，特别是以低于声速的速度飞行时，弹道也不会下坠。所以艇尾型尖头弹特别适合远程射击，尤其是射击距离超过274米时。击中目标后，它们的杀伤力也与其他尖头弹相近。

VLD型弹头具有流线型弹头的极端类型，具有长锥形的尖锐弹尖和缩缘式的艇尾。

④子弹的型号与选择

枪的口径有两种称呼，一种是以英制尺寸为单位的，另一种是以公制尺寸为单位。例如，.38的口径换算成毫米是9.65毫米，但是.38其实对应的是9毫米口径，然而弹头直径是9.1毫米，还有比较常见的.357马格南，弹头直径也是9.1毫米。

目前，手枪弹的主要口径有7.62毫米（.30英寸）和9毫米（.38英寸），以9毫米最为普遍。步枪弹中，除使用广泛的7.62毫米（.30英寸）口径外，5.56毫米（.223英寸）和5.45毫米（.22英寸）是当今两种重要的制式弹口径，北约和亚洲一些国家多采用5.56毫米口径，前华约国家则采用5.45毫米口径。

表3-3　不同猎物子弹的选择

猎物种类	子弹口径（毫米）
兔子、野鸡	5.45/5.56
狐、鼠	5.45/5.56/6
鹿类、羚羊、驼鹿	6.858/7.82/8.585
熊、麋鹿等	7.62/6.858

（4）霰弹枪枪弹

霰弹枪是中央发火式子弹，由弹桶、弹丸、垫料、发射药、底火组成。弹桶的材料通常是管状塑料，将弹丸、垫料、发射药和底火统一集中在弹桶内。弹丸或者鹿弹都可以作为霰弹枪的子弹。水禽狩猎、飞碟射击和野鸡狩猎通常使用弹丸形式的子弹。铅、钢、铋、钨是常用的弹丸，考虑到铅对于环境和水源的污染以及对猎物的污染，不建议用铅弹丸来狩猎。

①枪弹的口径

和猎枪一样，猎枪弹也是按照口径号来区分的，如12号、16号、20号、28号等。国内常见猎枪弹的口径是12号和16号。猎枪弹的口径必须与使用枪支的口径相同，12号口径猎枪必须使用12号猎枪弹，16号口径的猎枪必须使用16号猎枪弹。如果猎枪和猎枪弹的口径不一致，则容易发生事故。如在12号口径的猎枪上使用20号猎枪弹，因为20号猎枪弹直径比12号口径猎枪弹膛小很多，当猎人扣动扳机时，撞针很可能不会击发猎枪弹，而是把它向前推出，堵塞枪管。如果猎人没有觉察，继续射击，可能就会造成炸膛的事故。

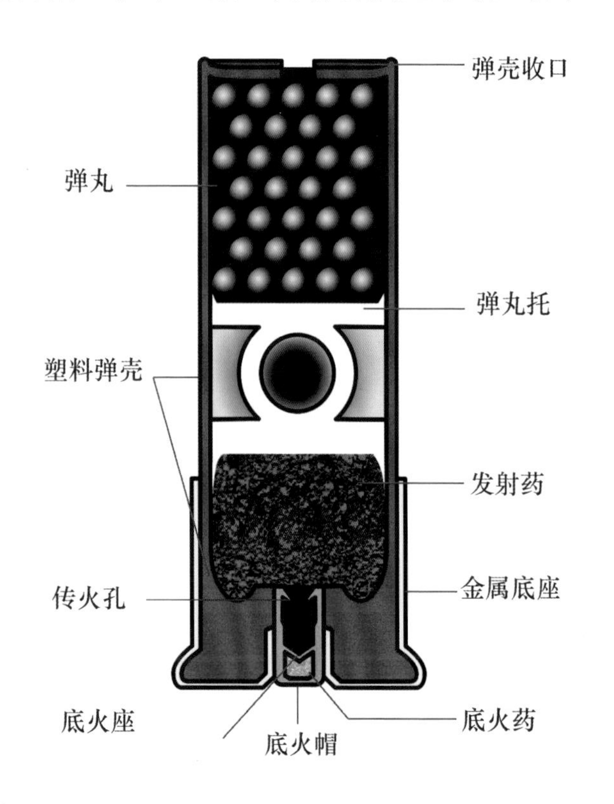

▲ 霰弹枪枪弹结构示意图

②弹长

一个口径的猎枪弹可能有不同的长度，国内常见的猎枪弹有65毫米和70毫米两个规格。猎枪弹越长，装填的弹丸和发射药数量越多，威力越大。在选择猎枪弹时，要考虑猎枪的弹膛长度，猎枪弹弹长必须等于或小于弹膛的长度。例如，弹膛是65毫米的猎枪只能使用65毫米的猎弹，而绝不能使用70毫米的猎弹，但是弹膛是70毫米的猎枪可以使用65毫米的猎弹。

③发射药

在工厂生产的猎枪弹内，发射药数量是根据弹丸的初速和装填的弹丸重量来确定的。发射药的数量，应该足以使发射出的弹丸达到规定的速度。发射药的数量越大，威力就越大，弹丸的初速就越高。如果想保持弹丸的初速不变，那么装填的弹丸重量越大，需要的发射药数量也就越大。不过，如果发射药的数量过大，造成膛压过高，容易造成炸膛的事故。

④弹丸

弹丸是用金属制造的圆球。一发子弹内通常包含多个弹丸，有些猎杀大中型猎物的猎枪弹内只有一粒弹丸，这类弹丸称为独弹。制造弹丸的传统材料

▲ 不同型号的猎枪霰弹

是纯铅。因为纯铅太软，所以在铅内添加少量的锑来提高弹丸的硬度。国内狩猎用的弹丸也是用铅梯合金制造，铅的含量占96%～98%。由于狩猎时遗留在环境中的铅制弹丸能造成严重的铅污染，从20世纪末开始一些国家开始限制或禁止使用铅制弹丸猎取水禽，并开始研制无毒（铅）弹丸。无毒弹丸主要是使用铋、钢、锡、钨和铜的合金制造，现在有的无毒弹丸的弹道性能已经达到甚至超过了铅制弹丸。弹丸的直径是用不同的编号来表示。关于弹丸的编号，世界上没有统一的标准，我国的猎枪弹弹丸编号是沿用了苏联的标准，也就是国家林业行业标准LY/T 1277—1988（2010年1月已被废止）。这个标准把弹丸分为三类24个级别，每个级别的标号和对应的直径。

Ⅰ～Ⅵ号属于大霰弹，用于猎取大型兽类，特别是鹿类，所以也被称为“鹿弹”。国内把鹿弹称为“八粒”“九粒”，因为一发猎枪弹内装着8粒或9粒霰弹。在猎取野猪等大型的猎物时，最好使用独弹，即一发子弹里面只装一粒弹丸。常见的独弹有圆形铅丸、福斯特独弹和布列尼克独弹。圆形铅丸是传统的独弹，但射程近，准确性低。福斯特独弹类似羽毛球的头部，它的基部中空，重心前移，飞行时稳定性好，不会在空中翻跟斗，提高了准确率，射程可以达到70米，表面的斜螺纹有利于独弹通过枪管。布列尼克独弹是一个实心金属弹头，弹头后端连着一个毡垫（或塑料垫），毡垫既能起到闭气的作用，也能使弹丸重心前移，在飞行中保持稳定，射击效果最好。

⑤弹药的选择

要熟悉使用的枪支，了解它的口径、弹膛长和喉缩等技术指标，从而正确选择口径和弹长相匹配的子弹，避免因为枪弹不匹配而发生事故。猎枪弹的号数是用子弹内使用的霰弹的编号来表示的，3号猎弹表示里面装填的是3号弹丸，弹丸直径是3.5毫米，这是猎取环颈雉时最常使用的猎枪弹。不同的猎物种类体型大小和生活习性差别很大，生活的栖息地类型也不一样，猎人要根据自己的目标猎物种类，选择适当的枪支口径、喉缩类型和弹丸尺寸，争取做到一枪毙命，减少猎物遭受的痛苦，增加狩猎的成功率。猎取小型猎物要使用小号弹丸，猎取大型猎物要使用大号弹丸。

表3-4　我国猎枪弹弹丸编号体系和对应的直径（毫米）

编号	Ⅰ	Ⅱ	Ⅲ	Ⅳ	Ⅴ	Ⅵ	6/0	5/0	4/0	3/0	2/0	0
直径	10.0	9.0	8.0	7.0	6.5	6.0	5.5	5.25	5.0	4.75	4.5	4.25
编号	1	2	3	4	5	6	7	8	9	10	11	12
直径	4.0	3.75	3.5	3.25	3.0	2.75	2.5	2.25	2.0	1.75	1.5	1.25

表3-5　猎取不同猎物推荐使用的弹丸

弹丸编号	适宜猎取的猎物
Ⅰ～Ⅵ	野猪、熊
6/0～3/0	狼、狍、麂、雁
2/0，0	猞猁、獾、狐
1，2，3	野鸡、野兔、野鸭
4，5	鹧鸪、小型野鸭
6，7	斑鸠
8，9，10	小型鸟类
11/12	太阳鸟、啄花雀、柳莺

在装弹量相同的情况下，弹丸的直径越大，一发猎枪弹内装填的弹丸数量越少。利用大号霰弹射击小型动物，无异于高射炮打蚊子，命中概率低，一旦命中也会造成过重损伤，降低或失去使用价值。如果使用小号霰弹射击大型目标，即使打中了猎物，也会因为散弹过小、威力不足，无法杀死猎物。

猎物种类的大小和身体结构特征差别很大。野兔皮肤很薄，打中几个弹丸就会让它失去活动能力。水禽皮肤表面有一层厚厚的羽毛，柔软光滑，很容易让弹丸滑脱，俗称“托沙”，具有很强的保护功能。而且水禽生活在开阔的水体，猎人不易接近，射击距离较远，猎取时需要使用稍微大一些的弹丸。选择猎枪弹时，还需要考虑枪支的性能，特别是喉缩的大小。喉缩能减缓弹丸的散布，增加有效射程。另外，还要考虑猎枪弹的性能。即使猎枪弹的型号相同，不同厂家的产品在性能上也会有一定的差异，甚至一个生产厂家不同批次的产品也不会完全相同。猎人在狩猎之前，最好用猎枪进行实弹射击，掌握猎枪弹的性能（俗称“盘枪”），以取得最好的狩猎效果。

3.2　弓弩

弓箭狩猎可以追溯到人类古老的年代。弓箭是非常有效的狩猎工具，即使是最凶猛的动物，弓箭狩猎也可以顺利完成。现代弓箭狩猎虽然很少猎取大型食肉猛兽，但是现代弓箭的改良和高效性为猎手提供了更有效的狩猎工具。

“弓弩”指的是“弓”和“弩”，即弓和弩的合称。最早出现的是弓，那时候还没有弩的存在，后来中国战国时期发明了弩弓。弩是由弓和弩臂、弩机三个部分构成：弓横装于弩臂前端，弩机安装于弩臂后部。弩臂用以承弓、撑弦，并供使用者托持；弩机用以扣弦、发射。由此可见，弩是弓的一种，最早是当做弓来命名的，叫做“十字弓”或

“窝弓”。后又统称为“弩弓”。

弩的功能突出，导致其地位提升，渐渐与弓并驾齐驱，甚至超过了弓，所以人们对弩弓形成了单独的概念，将十字弓、窝弓等所有机栝类的弓统称为“弩弓”，简称为“弩”，与弓合称“弓弩”。

3.2.1 弓弩的结构

弩的结构可以分为三个部分：臂、弓、机。“臂”一般为木制；“弓”横于臂前部；“机”装在臂偏后的地方。弩最重要的部分是“机”，弩机一般为铜制，装在弩“郭”（匣状）内，前方是用于挂弦的“牙”（挂钩），“牙”后连有“望山”（用于瞄准的准星）；西汉开始弩的“望山”上刻有刻度，作用相当于现代枪械上的表尺，便于按目标距离调整弩发射的角度，提高射击的命中率。

▲ 弓弩使用示意图

在铜郭的下方有“悬刀”（即扳机），用于发射箭矢。当弩发射时先张开弦，将其持于弩机的“牙”上，将箭矢装于“臂”上的箭槽内，通过“望山”进行瞄准后，扳动“悬刀”使“牙”下缩，弦脱钩，利用张开的弓弦急速回弹形成的动能，高速将箭射出。弩弓一般使用多层竹、木片胶制的复合弓，形似扁担，所以俗称“弩担”。它的前部有一横贯的容弓孔，以便固定弓，使弩弓不会左右移动，木臂正面有一个放置箭簇的沟形矢道，使发射的箭能直线前进。木臂的后部有一个匣，称为弩机；匣内前面有挂弦的钩，钩的后面装有瞄准器，称为“望山”；匣的下面装有“悬刀”（扳机）。发射时，先将箭矢放在矢道上，把弓弦向后拉，挂在钩上，瞄准目标后，一扣扳机，就将箭射出。中国古代装有张弦机构（弩臂和弩机），可以延时发射的弓。射手使用时，将张弦装箭和纵弦发射分解为两个单独动作，无须在用力张弦的同时瞄准，比弓的命中率显著提高；还可借助臂力之外的其他动力（如足踏）张弦，能达到比弓更远的射程。弩的关键部件是弩机，从为数众多的出土铜制弩机可以看出其结构：弩机铜郭内的机件有望山（瞄准器）、悬刀（扳机）、钩心和两个将各部件组合成为整体的键。张弦装箭时，手拉望山，牙上升，钩心被带起，其下齿卡住悬刀刻口，这样，就可以用牙扣住弓弦，将箭置于弩臂上方的箭槽内，使箭栝顶在两牙之间的弦上，通过望山瞄准目标往后扳动悬刀，牙下缩，箭即随弦的回弹而射出。

▲ 复合弓示意图

3.2.2 复合弓

复合弓是大多数弓箭狩猎猎手的首选。复合弓是利用滑轮省力原理，由复合材料弹簧板、支撑握把、弓弦、瞄具、平衡杆、避震等配件组合而成。其中滑轮组由上下凸轮或者凸轮与圆椭轮组成。

复合弓是古代的一种武器。据说复合弓首先是拉美西斯二世（公元前1304—前1237年）发明的（但似乎另一种说法为拉美西斯二世的复合弓习得于赫梯人，因为这种技术并不是很容易掌握然后成军的，但是同时期赫梯人却拥有同样强大的复合弓）。而其他地区也有独自发明，如东亚，以混合的木材或骨头构成的细长片制造。这种层压物可以制造出极具威力的弓。比较短的复合弓最适合作为马骑弓兵的武器，尤其是蒙古人和其他来自亚洲的骑手。复合弓的变形是在制造的时候，让它的两端往前弯曲（以蒸气处理和用力挽拉此层压物），这种后弯的弓可产生更大的力量，并需要高度的体力和技术操作。

（1）传统复合弓

事实上这一节所提到的复合弓是区别于“单弓”的一种弓，并不是现代意义上的复合弓。因为它是由多种材料共同制造而成的，因此也称为“复合弓”。复合弓是古代以弓发射的具有锋刃的一种远射兵器，弓由弹性的弓臂和有韧性的弓弦构成；箭包括箭头、箭杆和箭羽。箭头为铜或铁制；杆为竹或木质，羽为雕或鹰的羽毛。弓箭是中国古代军队使用的重要武器之一。

弓箭是复合型的远射武器。是由相互独立的两大部分即弓和箭构成的，箭又叫做矢或链。“射者，弓弦发矢也”，弓箭是利用材料弹性势能的原理通过把人类自身的力量和物体的弹力结合起来，使箭镞射向远方从而达到射杀目标物的目的。弓箭的发明是人类技术的一大进步，说明了人们已经懂得了利用机械将能量存储起来的道理：当人们用力拉弦迫使弓体变形时，就把自身的能量储存进去了；松手释放，弓体迅速恢复原状；同时把存进的能量猛烈地释放出来，遂将搭在弦上的箭有力地弹射出去。

制弓以干、角、筋、胶、丝、漆等材料为主，以上六种材料合称“六材”；“干也者，以为远也；角也者，以为疾也；筋也者，以为深也；胶也者，以为和也；丝也者，以为固也；漆也者，以为受霜露也。

干，包括多种木材和竹材；用以制作弓臂的主体，多层叠合。干材的性能，对弓的性能起决定性的作用。干材以柘木为上，次有檍木、柞树等，竹为下。角，即动物角，制成薄片状，贴于弓臂的内侧（腹部）。制弓主用牛角，以本白、中青、未丰之角为佳；“角长二尺有五寸（近50厘米），三色不失理。谓之牛戴牛”，这是最佳的角材（一只角的价格就相当于一头牛，故称之为牛戴牛）。筋，即动物的肌腱，贴附于弓臂的外侧（背部）。筋和角的作用，都是增强弓臂的弹力，使箭射出时更加劲疾，中物更加深入。选筋要小者成条而长，大者圆匀润泽。胶，即动物胶，用以黏合干材和角筋。《考工记》中推荐鹿胶、马胶、牛胶、鼠胶、鱼胶、犀胶等六种胶。胶的制备方法：一般是把兽皮和其他动物组织（特别是肌腔）放在水里滚煮，或加少量石灰碱，然后过滤、蒸浓而成。据后世制弓术的经验，以鱼组织特别是腭内皮和鱼膘制得的鱼胶最为优良。近代的中国弓匠用鱼胶制作弓的重要部位，即承力之处。而将兽皮胶用于不太重要的地方，如包覆表皮。丝，即丝线，将傅角被筋的弓管用丝线紧密缠绕，使之更为牢固。择丝须色泽光鲜，如在水中一样。漆，将制好的弓臂涂上漆，以防霜露湿气的侵蚀，而且要求择漆须色清。

使用复合弓要注意以下三点：

首先是撒放器，撒放器是针对复合弓应运而生的，作为复合弓必备的配件之一往往被忽视。可能刚开始时并不擅长使用，因为我国古代所使用的弓箭大多都是用手直接撒放，但是这里要提醒的是，不管我们如何的不喜爱用撒放器，都要慢慢的去习惯，撒放器不仅可以保护手指，同时也能够提高复合弓在射箭时的精度，所以在大型的射箭比赛中，撒放器都是必备的一种辅助配件。

其次是关于握弓的问题。在练习复合弓时有初学者喜欢把弓握得很紧，仿佛很害怕弓箭掉下来。正确的操作方法是在握弓的时候一定要注意放松，在拿弓时应该是推弓，并不是用手握弓，虽然这两个词仅仅一个字的区别但是其意义却是完全不同的，如果处理不当的话还可能发生意外危险。就拿复合弓来说，当新手玩家用手指撒放加上手握弓时就很容易使弓弦滑出滑轮而发生意外事故，其后果严重时可能造成眼睛失明。所以一定要注意这个小动作，把自身的安全放在第一位，避免发生以上所说的意外事故。

最后拉复合弓射箭时右手不要举得太高，正确的位置应该与腮齐平，手腕的位置低于耳垂，这种姿势是射箭的标准姿势，不要以为其实什么姿势都无所谓。任何一种事物都有自身的规范标准，这些都是前人总结出来的，所以我们只需要按部就班的去模仿就可以了。

（2）现代复合弓

现代复合弓最大的特点就是运用了滑轮来达到省力的效果。现代复合弓分为狩猎复合弓和竞技复合弓；轴距小的是狩猎复合弓，大的是竞技复合弓。

①复合弓能量的来源

首先我们应当明白弓本身并不能创造能量，弓只是起到了一个转移能量的作用。当我们拉复合弓的时候，弓片会发向内弯曲，这就是你拉弓的力量传递到了弓片上，而弓片的变形是将你的拉弓的动能转变为了弓片形变的势能。当我们释放弓弦的时候，弓片所存储的势能又通过弓弦的位移传递给了箭，转换为箭飞行时的动能。能量的传递就是这样完成的。我们选择一个弓的一个重要因素就是看这个弓有没有“劲”。其实就是弓存储和释放能量的能力。主要有两个方面的意思，一个就是弓能够存储多少能量，另外一个就是有多少能量能够有效的传递给箭。这里面有三个具体的值最能影响弓的能量，拉力（draw weight）、拉长（draw length）和省力比（let-off）。

②IBO速度和AMO速度

IBO是衡量弓射出的箭的速度的行业标准。该标准由国际弓猎协会（International Bowhunting Organization）制订，所以就叫做IBO速度。IBO的计算方法就是一个31.75千克拉力的弓，在76厘米的拉长下用350格令（重量单位，英文grains，1格令约等于0.065克，350格令就是22.75克）的箭时的射速。这个计算方法的比例关系就是每磅的拉力推5格令的箭重（在不超过80磅的前提下）。其实拉长对速度也有影响，一般每增加1英寸的拉长速度就会增加1.5米/秒。

AMO速度也是计算弓射箭速度的行业标准，这个标准由弓箭生产商协会（Archery Manufacturers Organization）制订的所以叫AMO速度；这种计算方法在以前很流行，AMO速度的计算方法就是一个27千克拉力的弓，在76厘米的拉长下，用540格令（等于35.1克）的箭时的射速。这个计算方法的比例关系就是每磅的拉力推9格令的箭重。这种计算方法过去较为流行，但如今其使用范围明显减少。

③轴距

复合弓的上下都由2个滑轮机构，测量这两个滑轮中心间的距离，就是这个弓的轴距，轴距反映了一个弓的大小。随着制弓技术的不断提高，弓的尺寸越来越紧凑。大多数复合弓的尺寸都在91厘米以下，携带方便，轻巧美观。不过过小的尺寸也会对弓的性能有一定的影响。

轴距小过81厘米的弓，这种弓非常的紧凑，它是喜欢在树上蹲猎的人的最爱，非常好的机动性，携带也非常方便。不过这种弓也有些不足，特别是轴距过短，在长距离的准确性上不好掌握，需要多多练习，最好使用机械式撒放器。

轴距在86～96.5厘米的弓，这种弓既有准确性的保证也能够兼顾机动性，这种尺寸是最流行的，也是许多猎人的最佳选择。

超过96.5厘米的弓，这种弓能够带来最好的准确性，很适合在射箭比赛等场合使用，较长的拉距能够带来更多的稳定性和准确性。使用这种弓的人用撒放器和手指撒放箭都是不错的选择。

④弦距

弦距就是指主弦和手把支持部最低点之间的距离。这个指标对弓的速度和弓的操作性都有影响，复合弓的弦距平均值为19厘米。较短的弦距可以增加弓的速度，较长的弦距可以让弓更容易控制。

一个短弦距的弓（12.7～16.51厘米）它的拉力作用范围会比较大，就是说你从开始拉弓到完全拉满弓的中间距离较长，这样弓存储的能量就会更多，而且箭受的力也就会更大。但是这样过大的能量输出会让你的弓更加难于控制。

一个较长弦距的弓（19～22.86厘米）更容易被控制，但是它射箭的力量会略小。为了在速度和操作性中间有个好的结合，尽量选择弦距在16.51～20.32厘米的弓，这样基本上能在速度和操作性中间有个比较好的中和。

⑤省力比

在射传统弓的过程力，拉力始终是一样或者一直在增加的。但是现代复合弓由于采用了滑轮机构，拉力会出现一个波动的过程。开始加力到顶峰后，开始减少力量的使用直到弓完全拉满。一般的现代复合弓都会有一高一低的省力比选择，当你选择了高的比例，就意味着在拉满弓后可以用更少的力量来维持满弓的状态。一般情况下弓在出厂的时候都默认使用高比例状态。比如一个32千克的弓在80%的省力比情况下，当你拉满弓的时候你只需要6.4千克的拉力就可以一直让弓保持在满弓的状态下［32×（1－80%）=6.4］。这两个状态都有自己的好处，高省力比的情况下，使用者可以把精力从拉弓这里转移开，让自己的注意力更多的用在瞄准和调整自己姿势上。低省力比的情况下，弓的储能会更多些，往往射出的箭的速度会更快些。

⑥弓片投影距离

这个参数很重要，是衡量弓片安装是否到位，弓的情况是否正常的一个指标，通过测量上下弓片的投影距离长度，我们就能明白上下弓片安装是否一致。

（3）复合弓的功能分类

复合弓的基本类型从使用功能区分：目标弓、狩猎弓、竞技弓、练习弓和儿童弓。

目标弓的弓把推弓点一般设置在上下弓片的侧向垂直线连结点前（也可称为前置弓把），弓片普遍采用复合材料模压成型；长度38厘米以上，弯曲变形主要集中在弓片中心至两端；轮轴距一般在96～106厘米；弓档约20厘米，偏心轮组凸轮轴孔的位置以二分之一形式居多；拉距定位装置与拉力回收增力点接近。目标弓主要功能是射准，主要特点是结构稳定性强，控制变化力小，人弓一体的关系容易实现。

狩猎类型复合弓的弓把推弓点一般设置在上下弓片的侧向垂直线连结点之后（也可称为后置弓把）；弓片普遍采用玻璃钢树脂拉挤加工成型，弓片短，弯曲变化小，变形集中在弓片下部位置；轮轴距一般在91厘米以下，弓档小；偏心轮组凸轮轴孔的中心普遍在二分之一以上位置；拉距定位装置与拉力回收增力点较远。狩猎弓的突出特点是出箭速度快，开弓减力的控制范围大。

竞技复合弓的设计都是为了比赛精度而造，它可以牺牲震动、重量、轴距尺寸、箭速等指标。一切的核心都是为了提高一致性和精度。

练习弓和儿童弓是相对简易的复合弓，特点是拉力小，拉距变化调整范围不大，对称力停止线不够清晰。

（4）箭

箭头：可以是一般的圆锥型的箭头，也可以是刀片组成的箭头。

箭杆：一个长的由碳素纤维、玻璃钢纤维或者铝合金制成的空心杆。

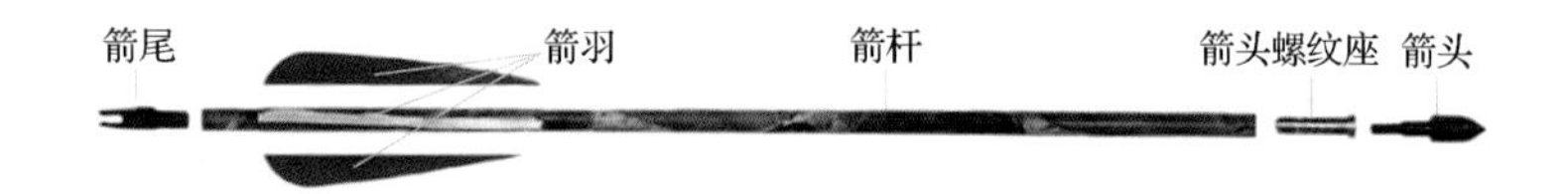

▲ 箭的结构示意图

箭羽：一般来说箭羽都是使用有颜色、外形呈流线型的塑料片制成，也有用羽毛做的。箭羽用胶水粘在箭杆上。大多数箭羽都是和箭杆平行的，不过为了增加准确度，在比赛用箭上，箭羽往往会旋转一个角度，这样箭在空中就会自身旋转增加稳定性。一个箭上面有3片箭羽，其中2片箭羽的颜色一样，而另外一片的颜色不一样，这是为了区分出一个主羽，这样你在放箭的时候可以知道怎么样放才不会让箭羽碰到弓上面。箭羽非常重要，它在箭的飞行中掌控着转向和稳定性。三片箭羽的间距相等，夹角互成120°绕箭杆一周。

箭尾：箭杆后面就是箭尾，是由一个塑料材料制成的有凹槽物体，平的一头插在箭杆上面，有凹槽的那头在外面，用来把弓弦放在凹槽里面。

箭杆是箭的最基本的构件，是用铝或碳纤维制成的空心长杆。箭的后部装有一个带凹槽的塑料铸模，叫箭尾，箭尾可以使箭稳定的搭在弓弦上。箭杆的前面有一个小的铝套筒（有些是塑料的），叫箭头座，箭头座的尾部粘于箭杆前端，其内有螺孔，是用来装有螺纹的箭头的。有些箭杆不一定装有练习箭头，一个标准的箭头座在相同的箭杆上可以安装不同种类的箭头，如刀片式箭头、锐尖、钝尖、靶尖、渔猎尖等。

3.3 猎犬

大约35000年前狗正式被人类驯化，至于狗的起源地究竟在地球的哪一个角落目前是众说纷纭。但可以确定的是任何一条狗都是灰狼的后裔，最初人类驯化犬是因为狗会在遇到危险时发出吠叫，提醒人类有危险靠近。这也是我们认为至今为止狗对于人类的作用之一，所有人都知道狗可以用来看家护院。后来，人类发现这种动物可以帮助狩猎。利用敏锐的嗅觉和听觉发现猎物，敏捷的身躯可以追赶猎物。所以猎犬就出现了，在过去的几百年的时间中猎犬是被培育最多的犬种之一。

3.3.1 原始猎犬

原始猎犬并没有被明确的定向培育，它们几乎狩猎所有的猎物，从鸟类、田鼠到野猪、熊等。它们也不需要被特别的训练，它们几乎都是天生的猎手。年轻的狗跟随年长的狗学习狩猎技能，如果它们不能很好的胜任狩猎，早期的人类就会将它们淘汰。猎人只会保留会狩猎的天才，因此优秀的狩猎基因就被一代一代延续传承。这些狗至今在全世界的各个地方仍然可以被找到，如中国的广西土猎犬、凉山猎犬，以及东南亚及巴布亚新几内亚原始雨林中的猎犬、非洲的猎犬、俄罗斯及远东地区的莱卡猎犬、北欧地区的尖嘴卷尾猎犬。

▲ 猎犬衔获猎物

随着狩猎习惯和方式的演变以及人类对于动物繁育技术的升级，我们开始根据需要，定向培育猎人所需要的猎犬。

（1）嗅觉猎犬

几乎所有的猎犬都能使用它们优秀的鼻子，但是这类猎犬的嗅觉会格外的灵敏。它们适用狩猎除了鸟类以外的所有猎物，野兔、野猪、各种鹿科动物。嗅觉猎犬往往拥有大大耳朵，宽大的鼻腔，宏亮的叫声。这样的外型有利于收集每一寸气味线索，它们可以成群工作，有时数量多达几十只甚至上百只之多，相互配合搜索整片猎区，通过吠叫将猎物驱赶。代表犬种：英国猎狐犬、美国猎狐犬。当然它们也可以单独使用，猎人带上一只或几只在

▲ 米格鲁猎兔犬

森林中寻找猎物。当猎犬发现猎物时会发出宏亮的吠叫声，告诉猎人猎物的所在位置。欧洲地区几乎每一个国家和地区都有自己独特的品种，当地猎人依据狩猎的习惯和当地的地形培育不同种类的猎犬。代表犬种：巴尔干猎犬、波萨维茨猎犬、斯洛伐克猎犬、黑山猎犬、寻血猎犬、巴吉度猎犬、比格猎兔犬。

（2）视觉猎犬

这是一种非常原始的猎犬，最早视觉猎犬起源于中亚地区用于狩猎平原上的羚羊和兔子。这类猎犬拥有纤细身材，四肢细长。这样的体型只有一个目的更有利于奔跑，它们最快的时速高达70千米/小时。通常情况下这类猎犬2～3只配合使用，当猎人发现猎物时迅速的放开猎犬以绝对的速度追捕猎物。代表犬种：萨路基猎犬、灵缇、塔兹猎犬（哈萨克斯坦）、蒙古细狗。视觉猎犬在中国的山东和陕西及内蒙古地区也被广泛使用，形成自己的独有品种：陕西细狗、山东细狗。当年郎世宁为乾隆皇帝画的《十骏犬图》其中九条就是视觉猎犬。

（3）枪猎犬

在所有的猎犬大类中枪猎犬是最为被细化的犬种，这类猎犬主要帮助猎人发现猎物（以禽类为主）并将其衔取回来。

指示犬。顾名思义它们会指向猎物所在，它们通过嗅觉和听觉发现猎物并可以长时间保持静止状态直到猎人将猎物激飞和击落。由于它们可以发现猎物并不惊动它们，所以给了猎人更多的射击准备时间从而大大提高狩猎的成功率。代表犬种：波音达、德国短（刚）毛波音达、维兹拉猎犬。

▲ 史宾格激飞犬

激飞猎犬（西班牙猎犬）。这类猎犬体型更小，拥有大耳朵和灵敏的嗅觉，高能量非常兴奋，工作一天也不会累，它们搜索整片田野和灌木将躲藏的猎物（禽类）驱赶激飞。这类猎犬适用于集体狩猎和单独狩猎，在英国它们和衔回猎犬共同适用。代表犬种：英国可卡激飞犬、史宾格激飞犬。

衔回猎犬。这类猎犬更多适用于狩猎水禽，它们相比其他的猎犬而言拥有更稳定的个性。可以静静的等候在猎人身边，当猎人击落水禽后它们会跳入水中将猎物从水中衔回，所有的衔回猎犬都拥有一张柔软的大嘴，这样可以含住猎物取回保证猎物的完整性。代表犬种：金毛衔回犬、拉布拉多衔回犬。

当然，欧洲繁育者还培育了一些其他枪猎犬。比如雪达犬。枪猎犬是所有猎犬中最为细化的猎犬，并对训练有一定的要求。一般它们在很小的时候就需要被严格的训练才能成为真正的猎人助手。

（4）梗犬和猎獾犬

绝大多数的梗犬都是用于在农村帮助猎人清除狐狸、獾、鼬、田鼠等的小型猎犬。它们的体型很小，长有粗而硬的刚毛，很多梗犬嘴上都长有胡子。这样的外形更有利于它们进入狭小的地洞驱赶或与洞穴中的狐狸搏斗，所有梗犬往往拥有刚毅勇往直前的个性。所以梗犬也是所有猎犬中最为好斗和管理难度最大的犬种。梗犬的品种很多，但仍然作为猎犬使用的犬种有德国猎梗、猎狐梗、帕特大勒梗、帕森罗素梗、湖畔梗等。当然还有一种是专门培育用来抓獾的猎獾犬，通常人们把它们叫做腊肠犬。

（5）刀猎犬

在美洲地区猎人培育出可以直接与野猪搏斗的大型猎犬，这类猎犬足够勇敢并且高大强壮可以直接控制住猎物，以便猎人使用长矛或猎刀将猎物猎杀。但值得注意的是在南美地区并没有原生野猪的种群，所有的野猪都是被野化的家猪，其战斗力和危险程度远远不如原生态的野猪，所以如果使用这类猎犬狩猎原生态野猪时需要给狗佩戴足够的防护装备，以保护猎犬的安全。代表犬种：阿根廷杜高、比特犬。

（6）杂交猎犬

全世界各地的猎人会依据自己的狩猎习惯以纯种猎犬为基础进行杂交培育符合个人需要的狩猎犬。这类猎犬可以很好的满足猎人的使用，但由于缺乏系统繁育，这类猎犬往往不够稳定，而且优秀的猎犬未必能够繁育出优秀的后代，在有些情况下会产生一些遗传疾病和性格缺陷。

3.3.2 猎犬的使用

（1）血迹追踪

在一些狩猎活动中猎人无法一枪（箭、刀）击毙猎物，受伤的猎物有可能会逃入森林深处，这时一只优秀的嗅觉猎犬就显得非常重要。嗅觉灵敏的猎犬可以通过受伤动物的血迹以最快的速度发现受伤的或已经死亡的猎物。代表猎犬：巴伐利亚山地寻血猎犬、汉诺威猎犬、刚毛腊肠猎犬。

（2）猎犬证

在狩猎成熟的国家和地区，猎人需要通过严格的考核获得狩猎证才能进行合法的狩猎活动，同样参与狩猎的猎犬也需要获得狩猎证才能从事狩猎活动。这些猎犬需要经过严格的训练并参加系统的考核才能获得猎犬证，这样的意义在于最大程度保护猎犬的安全，一只没有经过考核的猎犬有可能造成自身的伤害甚至危及猎人的生命安全。因此，猎犬的使用应该经过系统的训练和考核才能进行狩猎活动。目前，我国刚刚开始这方面的研究。

（3）猎犬使用的季节

尽管使用猎犬可以大大提高狩猎的成功率，但是在某些季节猎犬的使用应该被严格的限制，特别是围猎猎犬的使用应该被严格管理。比如在某些动物的繁育季节，猎犬往往会对幼崽下手。作为一种捕猎动物，猎犬知道幼小的猎物更容易得手，这样对于整个猎物种群的有序繁衍是不利的。在某些仅能猎杀成年雄性动物的狩猎季节，猎犬的使用应该被严格的规范和管理。

（4）疫苗

很多猎犬在狩猎过程中会直接面对一些自身可能携带狂犬病的动物（狐狸、豺、貉，以及一些猫科动物）。因此，定期的狂犬疫苗接种是保护猎犬和猎人的唯一有效方法。狩猎管理部门应该按计划组织实施这项工作。

3.4 猎禽

狩猎中使用的猛禽统称为猎禽。

3.4.1 猎禽的种类

猎禽可以大致分为两大类，即隼类和鹰类。

隼类又称“长翅类”，因为它们的翅膀又长又尖，尾巴也比较细长，上嘴先端钩曲，钩曲后面有一个锐利的齿突，中等个体。

鹰类又称“宽翅类”，它们的翅膀又宽又短，强壮有力，上嘴钩曲后面没有齿突，尾巴短粗，个体比较大。国内常用的种类有金雕、苍鹰和雀鹰。在实践中，把除了隼类以外的其他猎禽都归入了这个类群。

3.4.2 猎禽的训练

训练用作猎禽的猛禽，最好是羽翼已成、度过自然铭印期、即将或已经离巢的一岁以下的幼鸟，基本不用成鸟。太小的幼鸟不容易存活，体格没有长成，没有从亲鸟那里学会捕食的技巧，很容易形成对人类的依赖，捕猎效果不好。成年的猛禽性格已经养成，不容易驯化，放出去捕猎时往往逃逸。

与猎犬不同，猎禽一般不会与羽猎人（利用猎禽从事狩猎的人员）建立起亲密的感情，而是一种相敬如宾、相互利用的关系。猎禽不会把羽猎人视为主人，把自己放在从属的地位，不会喜爱羽猎人，也不会去刻意迎合献媚。它能够和羽猎人生活在一起，完全是出于实用的目的，因为这样食物更容易获得，更可靠也更安全。人们经常认为猎禽和主人之间会建立起来一种相互信任的关系，其实，这种关系的基础，是猛禽信任羽猎人不会偷走它的食物，会为它提供保护，而羽猎人相信猛禽不会一去

▲ 矛隼

▲ 苍鹰

▲ 游隼

不复返。在羽猎前，羽猎人不能喂饱猎禽，吃饱的猎禽不会去捕猎，而且容易逃跑，饱食则远飏。通过控制猎禽的体重，控制它的体力，让它既有足够的体力去捕捉猎物，又不让它有过多的体力能够提起和带着猎物飞走。

我们传统的训练方法叫“熬鹰”，是通过使用疲劳和饥饿的方法，来摧毁它的自由意志，让它对人低头，服从主人。国外的观念恰恰相反，认为用恐吓、饥饿和疲劳等粗暴的方法对猛禽训练没有任何帮助，因为猛禽永远不会产生服务“主人”的意识。在训练时，最重要的是细心温柔地照顾，来帮助猛禽克服对人的恐惧，尽快进食，并熟悉羽猎人的声音，容忍并接受羽猎人的抚摸和操纵，进而适应人工饲养环境。

3.5 其他狩猎装备

3.5.1 狩猎服装

狩猎服装与其他户外服装相比较更具有与狩猎运动相适应的特点。由于在野外未知环境和极端天气可能对狩猎活动造成影响。因此，狩猎服装的安全性和功能性对于猎手的野外生存非常重要。现代狩猎运动不仅强调安全性和服装的功能性，更强调穿着的美观和时尚。

（1）服装颜色

荧光色和橘色狩猎服装由于在日光下和微光下有较好地辨别性，在狩猎大型动物（野猪）和某些禽类（野鸡）时穿着荧光色狩猎服可以起到最大的保护作用。实践中，绝大多数野生动物对狩猎服装的颜色并不敏感。欧洲狩猎组织明确规定不能穿迷彩服狩猎。

①仿生迷彩狩猎服

仿生迷彩服是狩猎运动的基本装备，尤其是狩猎视觉极佳的野鸭和火鸡时的必备穿着。根据不同的季节，不同的野外环境和狩猎目标配备不同的迷彩花型。

②数字迷彩狩猎服

数字迷彩最早来源于军装。随着技术进步，专业机构开始根据动物和飞禽的感官研发数字迷彩的花型用于狩猎运动。目前这类数字迷彩正在逐步占据市场的一定份额，年青一代狩猎者是迷彩花型的推崇者。

（2）狩猎服装作用

狩猎服装是猎手在野外遇到极端天气的重要安全保障。高科技保暖材料、坚固的面料、透气排湿、轻便耐用、防蚊虫、抗紫外线、便携式穿戴设备等在狩猎服装上的应用体现了狩猎项目的专业性。

3.5.2 猎刀

“工欲善其事，必先利其器”。一把质量上乘的猎刀足以应付猎人的一般需要，如剥皮、分割猎物的肢体和分离骨肉等。与所有装备的选择原则一样，必须选择最符合自己需求的猎刀。

（1）固定型和折叠型

选择猎刀类型，首先要考虑是固定刀片型还是折叠型。

顾名思义，固定刀片型的刀由于没有可以活动的部位，相对来说会更结实耐用；而由于刀片外露，它不得不放在刀鞘里携带，相对于同尺寸的折刀体积会更大。

折叠型刀的刀片可以折回刀柄里，并装有锁定装置防止使用时意外闭合。由于可以折叠，这种刀相对来说体积较小，更方便携带，但这样的设计同时也是它最大的缺点，中空的手柄和折叠轴使它不如固定型刀结实稳固。但折刀还有一个好处，就是刀片形状多样，因为多数折刀都带有一个以上的刀片，很多人会觉得这样更方便；而事实是，一旦你选到了合适的，其他刀片可有可无。对于常打猎的猎人，固定型刀是最佳选择；而若只是偶尔狩猎的人，除了狩猎还可能将刀用于其他地方，多功能的折叠形刀更适合。

▲ 固定型

▲ 折叠型

（2）*刀刃形状*

不同的个人对刀刃形状的喜好不同，但有时对不同的猎物也需要采用不同类型的刀刃。有三种刀型比较常见：回形刀尖型、水滴形刀尖型和剥皮刀尖型。

▲ 各种形状的猎刀

回形刀尖型的刀身较细也较扁平，能够应付一切营地杂活和特定的狩猎工作，包括开膛和剥皮，想要一把全能型刀的猎人可以考虑。

▲ 回形刀尖型

水滴形刀尖的刀是猎人专用的，可用于猎物开膛和剥皮，但不能用于割绳和砍树枝等营地杂活。

▲ 水滴形刀尖

剥皮刀尖型的刀是专为大型动物剥皮而设计的，能够快速利落地将大动物的皮和肉分离，可谓省心省力。虽然专门用于剥皮，但这种刀也能应付其他的营地杂活。

▲ 剥皮型刀尖

选好刀刃，接下来就要想想是否需要锯齿。锯齿可以做一些重活，比如锯开大型动物的肋骨，不过一般情况下锯齿只占刀身的小部分比例。

（3）刀片材料

猎刀的刀片通常都是碳素钢或不锈钢，两种材料各有优劣。

碳素钢容易生锈，所以需要特别保养。最好的防锈方法是正常使用，也可以涂上保护层（涂保护层方法：把刀片彻底清洁干净，充分干燥，然后打上含硅的蜡）。相对于不锈钢刀，碳素钢刀更容易磨利，保持刀刃锋利的时间也更长。

▲ 碳素钢刀片

不锈钢刀是防锈的，因此特别适合在潮湿环境下使用。不过，不锈钢刀比碳素钢刀难磨很多，价格也更高。

▲ 不锈钢刀片

（4）刀柄材料

传统的猎刀一般是木柄、皮柄或者骨柄的，这些经典的材料很有吸引力，但像橡胶之类的新型材料也有很多优点，特别是在被血、雨或雪弄湿的情况下，橡胶刀柄易于抓握的优点就显露出来了。

刀柄形状因个人喜好而定，挑选时尽量多试，找到最适合自己手型的。原则上，不要选太长的，因为用起来会很笨拙；也不要选太短的，因为你更多是用它来切割，而不是用它来刺。

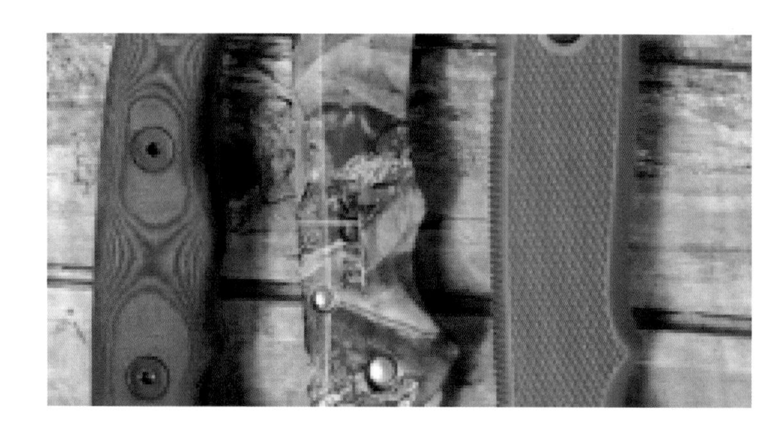

▲ 不同类型的猎刀刀柄

▲ 不同类型的猎刀

（5）辨别猎刀品质

判定猎刀品质主要考虑两个因素。

首先，无论是什么类型，好的刀握在手里都会有一定的重量感。

其次，好的刀结构一般比较稳定。购买时要注意刀片嵌入刀柄的地方，这里的结构通常比较脆弱。高品质的刀片、结实的手柄以及刀和柄之间连接点的稳固性对折刀和固定型刀来说都很重要。

3.5.3 瞄准具

瞄准具是一种能赋予射击武器或投掷武器准确的瞄准角，使平均弹道通过目标的装置。

（1）机械瞄准具

按三点可确定一直线的原理，用眼睛通过照门和准星瞄准目标的装置。简单的机械瞄准具由准星和带照门的表尺组成，主要配用在手枪、步枪、弓弩等狩猎武器上。

▲ 瞄准具

（2）光学瞄准具

主要由瞄准镜、表尺分划筒、方向和高低机等装置组成。使用时，将瞄准具装定好对准目标的方向角和高低角，并将瞄准参数赋予武器实施射击，通过射程和方向的不断修正，保证弹道准确通过目标。

▲ 带光学瞄准具的猎枪

（3）激光瞄准具

利用可见激光束进行瞄准的装置。一般由高低、方向调整机构和激光器组成。它应用瞄准具激光束直线传播的特性，只要使激光束照准目标，即可射击。

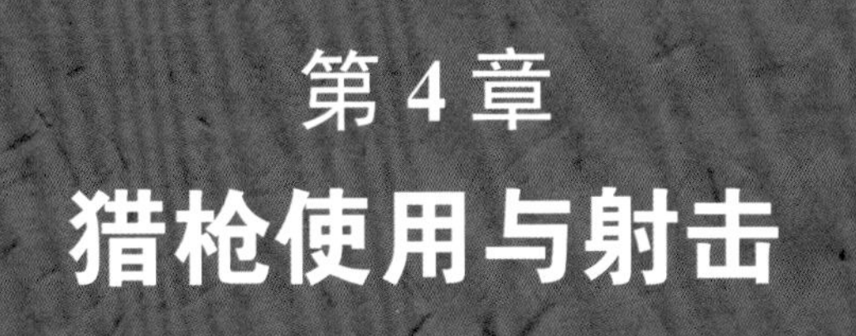

第4章 猎枪使用与射击

使用猎枪狩猎是现代社会最普遍的狩猎方式。各个国家都有专门的法律规定可以用猎枪进行野生动物狩猎和控制某些野生动物种群数量。我国《野生动物保护法》和《枪支管理法》中对于猎枪的使用和配置也做出了具体和明确的规定。猎枪是专门为了狩猎而生产的枪支。猎枪的分类体系多种多样，样式繁多，型号更是数不胜数。本章讲解两类狩猎枪支，即狩猎步枪和狩猎霰弹枪的使用及其射击方法。狩猎步枪威力大，射程远；狩猎霰弹枪的特点是近距离，射杀范围广，应掌握其不同的射击技能。

此外，本章重点强调猎人应采取正确的持枪方法、射击姿势，按照射击常见动作的技术要领，在射击前计算射击速度与提前量，掌握影响射击命中率的因素，从而达到安全狩猎、提高射击命中率的目的。

▲ 肩带式持枪

4.1 持枪方法

根据在狩猎过程中的实际需要，持枪的方法有五种：肩带式持枪、怀抱式持枪、单手持枪、肩扛式持枪和双手持枪。

4.1.1 肩带式持枪

肩带式持枪，就是利用猎枪的肩带将枪放置在身体后侧的一种持枪方法。将枪背带置于身体左（右）肩上，通常枪口向上，左（右）手紧握背带将枪置于后背。

4.1.2 怀抱式持枪

怀抱式持枪，是指单手或双手将枪以怀抱的方式置于身体胸前，枪口向斜上方的一种持枪方法。右（左）手及右（左）臂怀抱猎枪，枪口向斜上方，将猎枪放置于右（左）胸前。

4.1.3 单手持枪

单手持枪，是指用单手将猎枪置于身体一侧的持枪方法。左（右）手紧握枪身，枪口向上，将枪置于身体一侧。

4.1.4 肩扛式持枪

肩扛式持枪，是指将猎枪扛在左肩或右肩上，枪口向后上方的一种持枪方法。右（左）手紧握枪柄，将猎枪放置于右（左）肩上，枪口向后上方。

▲怀抱式持枪

▲单手持枪

▲肩扛式持枪

▲双手持枪

4.1.5　双手持枪

双手持枪，是指将猎枪用双手持于胸前的一种持枪方法。右（左）手紧握枪柄，左（右）手紧握枪护木，枪身呈45°，枪口向斜上方，将枪放置于胸前。

4.2　基本射击姿势

狩猎射击时有四种基本射击姿势：卧姿、坐姿、跪姿和站姿。这四种姿势按稳定性排列依次递减，因为一般来说，越接近地面，稳定性会越高。

4.2.1　卧姿

卧姿就是俯卧于猎枪背后，基本姿势很简单：双肘牢牢着地，支撑肘直接置于猎枪之下，其余部位则以舒适为主。经典式卧姿身体会有一定角度的倾斜（左倾或右倾），现代式卧姿身体会更倾向于猎枪正后方，射击侧（扣扳机的手一侧的身体）的腿稍微弯曲。练习时，可以先摆好站姿，选好目标，然后卧下成卧姿，瞄准目标，闭眼。再把眼睁开时，应该还在瞄准目标上，如果偏离了的话，说明姿势仍需调整。为了加强稳固，可用背包、双脚架或其他东西支撑，依托射击。尽量不要直接架在坚硬粗糙的固定物上，大圆石或树干作支撑可能很好，但记住要在猎枪和这些固定物之间放一顶软帽子或用手隔着，这一点对所有的姿势都适用！

▲卧姿

4.2.2 坐姿

正确的坐姿极难掌握，对身体的柔韧性要求相当高。最稳的坐姿是双腿交叉、身体向目标物方向45°倾斜、脚踝平直贴地。腰部以上前倾，双肘放在膝盖上方（非膝盖骨位置）；对于柔韧性不太好的，可以稍微调整一下，尤其是对于有点中年发福的人，把膝盖竖起来，脚部平放在地上，双腿约成45°分开。这个动作可能没那么稳，但至少对柔韧性要求没那么高。确保手上拿着的是一把没有子弹且安全的猎枪，摆好姿势并瞄准目标。然后让人往后推推枪，模仿后坐力的作用，随后应能马上回复瞄准状态。如果做不到的话，可能需要稍稍调整坐姿，改变下角度。

▲ 坐姿

4.2.3 跪姿

跪姿不及坐姿稳定，但比站姿要快要稳。摆好姿势，支撑侧的膝盖和脚指向目标物，手肘放在膝盖上方——不是直接放在膝盖骨上（因为会滑动）。射击侧的腿约为90°向外，膝盖着地。这个姿势还是根据身体的柔韧性而定，也可以坐在那只脚上，把脚放平，或坐在脚后跟上，脚趾着地。在跪姿中，射击的手会把枪托往肩膀方向拉，但主要的支撑应来自背带和支撑臂。跪姿的身位比坐姿高些，这个动作也需多加练习，直至能以最快速度单膝跪下摆好姿势。跪姿是一个很不错的姿势，但如果能有交叉棍、高双脚架、低三脚架或大圆石在前支撑效果更好。一切关键在于灵活性，稳定的支撑总比无支撑射击来得安全，所以任何时候都不要放过能加强稳定性的机会。

▲ 跪姿

4.2.4 站姿

站姿（亦称立姿）是迄今为止稳定性最差的姿势，在打猎时应该是最后的选择。在某些情形下，比如情况很紧急、周围的植物阻挡或是动物所处的位置很近等，我们别无选择，只能采取站姿。而由于站姿也是最难的姿势，在靶场应该练习最多。在这个姿势里，挽背带发挥的作用最大。把挽背带缠好，双脚站定，然后射击。理想情况下，支撑侧（力量较弱的一侧）的脚部应指向目标物，两脚分开约肩宽的距离，射击侧（力量较强的一侧）脚部成90°。合适的枪托长度在使用站姿时尤为重要，并需要将脸颊紧贴在枪托上。支撑侧的手肘应在猎枪下方最方便的位置，射击侧的手肘则应与枪在同一水平线上，这样能最好地控住枪托。

由于站姿稳定性较差，因此，应尽量借助射击架或石块支撑，这样可以避开灌木丛和多刺植物的干扰，同时使稳定性直线提升。不管无支撑站立射击距离是多少，在有支架的情况下都可以翻倍——比如，原距离是68米，在有支架时则可以增至137米。这些支架可以是人工支架，也可以是天然支架，比如站到合适的树杈和大圆石旁，用背包垫着进行精准的射击。

▲ 站姿

关于“挽背带”，所有姿势都能通过“挽背带”来加强稳定性，提高射击精准度。如果在茂密的丛林里追踪猎物，通常可把背带取下来放进口袋里，因为它可能会发出噪音，也可能会缠住树枝杂草。但在一般情况下，可将背带挂在枪上。

以下是背带使用方法：背带的长度应足够单肩携行，用射击的手握住猎枪，把支撑的手和手臂插入猎枪和背带之间，然后用手腕把背带缠绕一圈。习惯用右手的人，就用左手臂作支撑，以顺时针方向缠绕。习惯用左手的人，用右手臂作支撑，以逆时针方向缠绕。把支撑手放在前端，通常在背带环正后方，摆好姿势。背带借着自己的身体收紧，这时会惊喜地发现，它起到了很好的稳定作用。

4.3 狩猎步枪的射击技能

4.3.1 狩猎步枪简易射击原理

狩猎时步枪比霰弹枪射程远，特别是中、远距离射击精度比霰弹枪高，威力和射杀力也比较大，这是狩猎步枪的特点，也是作为狩猎重要武器的原因。因此，掌握步枪射击原理对于精准射击有一定帮助。

4.3.2 发射的概念及过程

发射药气体压力将弹头从膛内推送出去的现象叫发射。发射是发射药的化学能转变为武器系统动能的过程。

发射过程时间短，现象很复杂，整个过程可分为四个阶段。第一阶段（准备阶段）：由发射药开始燃烧起至弹头开始运动时止。这个阶段，各种枪的起动压力为250～500千克力/平方厘米。第二阶段（基本阶段）：由弹头开始运动起到发射药燃烧完止。此阶段当弹头在膛内6～8厘米时膛内压力最大，此时的压力称为最大膛压，各种枪的最大膛压为1400～3400千克力/平方厘米。第三阶段（气体膨胀阶段）：由发射药燃烧完起到弹头脱离枪口前切面为止。这一阶段，各种枪的枪口压力为200～600千克力/平方厘米。第四阶段（发射药气体作用的最后阶段）：由弹头脱离枪口前切面起到发射药气体停止对弹头作用为止。

（1）初速的概念

弹头脱离枪口前切面瞬间的速度称为初速。初速以米/秒为单位。决定初速的大小条件：①弹头的重量。在其他条件相同的情况下，弹头轻，初速大；弹头重，初速小。②发射药的重量。在其他条件相同的情况下，装药量多，所产生的发射药气体多，压力大，弹头初速也就大；相反，如果装药量少，其初速也小。③枪管的长度。在其他条件相同的情况下，用同样的子弹，在一定限度内加大枪管的长度，初速提高。④发射药燃烧的速度。在其他条件相同的情况下，发射药燃烧的速度越快，发射药气体对弹头的压力增加也就越快。从而使弹头在膛内运动的速度加快，初速也就越大。

（2）后坐的概念

发射时，武器向后运动的现象，叫后坐。后坐对命中的影响：①后坐对单发射击影响极小，因为弹头在膛内运动的时间极短，约千分之一秒，并且枪身比弹头重得多，枪的后坐距离只有1毫米左右，而且是正直后坐，加之衣服和肌肉的缓冲，所以弹头在脱离枪口前的后坐（膛内后坐），猎人是感觉不出来的。②后坐对连发射击的命中有一定的影响。因为连发射击时，第一发子弹发射后，由于枪的明显后坐（膛外后坐），改变了原来的瞄准线，所以对第二发以后的射弹有一定的影响，但只要猎人据枪要领正确，适应了连发武器的后坐规律，就能减少后坐对连发命中的影响，提高射击精度。

（3）弹道的概念及特点

弹头运动中，其重心经过的路线称弹道。空气中的弹道有独特的特点：①弹道是非弧对称曲线，降弧比升弧短而弯曲、弹道最高点靠近落点。②弹头在升弧上飞行的时间比在降弧上飞行的时间短。③在纵坐标相等的条件下，升弧上各点的弹头速度比降弧相应点的速度大；初速大于末速；弹头最小速度在弹道最高点之后的某处。④落角的绝对值大于发射角。⑤不同弹头的最大射程角（能获得最大射程的射角）也不相同，其值取决于弹头的初速、重量和形状。迫击炮的这一角度接近45°，而枪械的最大射程角为30°～35°。用小于最大射程角的射角射击时所获得的弹道叫低伸弹道；用大于最大射程角的射角射击时，所获得的弹道称为弯曲弹道；瞄准线上的弹道高在整个表尺距离上不超过目标高的射击叫直射。

（4）风和阳光对射击的影响

风是一种具有速度和方向的气流，它能改变射弹的飞行方向和距离。在各种外界条件中，风对射弹的飞行影响最大。射击时对风及风力的分类：①射击时，风的方向以射向为基准，按风向与射向所形成的角度关系，分为横风、斜风和纵风。②风力是指风的强度。射击时把风力分成强风、和风和弱风。

风对射弹的影响：①横风对射弹的影响。横风能给弹头一侧施加压力，从而使弹头偏向另一则，产生方向偏差，风力的大小决定偏差量的大小。②斜风对射弹的影响。斜风能使射弹产生高低（距离）偏差和方向偏差，而且方向偏差大于高低偏差。③纵风对射弹的影响。纵风只影响射弹的高低（距离）偏差。逆风能使射弹打低、打近；顺风能使射弹打高、打远。

修正方法：①对横、斜风的修正方法是在修正时，以横方向和风修正量为准，强风加一倍，弱风减一半。②对纵风的修正方法是在400米内，风速小于10米/秒，可以不修正。如对远距离目标射击时，应适当降低或提高瞄准点。

阳光对瞄准的影响及克服方法：阳光对瞄准的影响主要表现在使用机械瞄准具的武器上。在阳光下瞄准时，由于阳光的照射，缺口部分产生虚光，形成三层缺口：虚光部分、真实部分、黑实部分。如果不能辨明真实缺口的位置，就容易产生误差，使射弹产生偏差。克服阳光影响的方法：①平时要保护好瞄准具，不使其磨亮反光。②正确辨清真实缺口。③注意合理地保护视力。

4.3.3 狩猎步枪的射击技能及训练方法

稳固的据枪，正确一致的瞄准，均匀正直地扣扳机以及三者有机的结合，是步枪精确射击的基本技术。步枪项目训练的基本功，是指猎人为掌握基本技术必须具备的基本专项素质，其内容主要包括：据枪稳定性；保持正确姿势的一致性；据枪姿势的持久性和稳、瞄、扣的协调配合。

（1）据枪稳定性训练

据枪稳定是进行精确射击的基础。它是指猎人据枪后，枪支准确地瞄向目标所停留的时间、枪支晃动范围的大小以及对缩小晃动范围过程的控制。在步枪卧、坐、跪、立四种射击姿势中，卧姿的稳定是在屏气的同时出现的，在稳定之前枪支是随着呼吸在目标上下做垂直运动，在2～4次呼吸之后，枪由下而上构成正确瞄准并屏气，这时枪支达到最佳稳定，在瞄区停留2～3秒即完成击发；立姿稳定性表现为枪支晃动范围、相对静止持续时间和晃动是否有规律。初级猎人稳定能力很差，中、高级猎人立姿稳定性相对较高，只有训练有素的人员立姿枪的晃动范围可基本控制在目标精确范围内，而且持续时间相对较长。但立姿枪的稳定性不是绝对的，枪在相对稳定时也是在微小的晃动（颤动）之中，猎人应大胆利用这种稳定状态完成击发；跪姿和坐姿的稳定性，一般中、高级猎人枪支只在瞄区内微微颤动，或者有规律的小晃动。随着训练水平的提高，稳定性也逐渐增强，少数优秀猎人跪姿和坐姿可以接近和达到卧姿的稳定水平。

步枪稳定性训练的主要方法是：①大负荷状态下的空枪预习，不断增加训练量，规定单位时间内据枪次数。②辅助训练，主要是进行专项素质训练。比如，击发后保持据枪稳定，要求枪支尽量稳在瞄准区内。③按照几种典型的射击姿势，不断提高据枪动作的规范化训练水平。

（2）射击动作一致性训练

射击动作的一致性，是指猎人从一次击发到另一次击发，在多次重复操练中能保持整体结合状态基本不变的能力。姿势动作一致性主要表现在：据枪准确到位，相关部位的肌肉用力一致，枪的自然指向一致。卧姿保持枪背带拉力一致；肩部放松动作一致；左手托枪位置一致，力量一致；枪面一致等。立姿左肘抵胯位置一致；塌腰动作一致；抵肩一致。跪姿左肘与左膝的结合、上体前倾度一致；抵肩动作一致。

步枪一致性训练可采取以下方法：①坐标规范法。对定型的姿势动作作图标出各部尺寸，以便从外形上记忆。②自我体验法。对不便标记的动作如背带拉力、抵胯位置以及有关肌肉的放松程度等，靠猎人的自我感觉、回忆动作表象或写笔记等强化记忆。③反复调整姿势。当姿势正确适宜或实弹打得顺手，猎人感觉良好时，反复重新调整姿势。

（3）姿势动作持久性训练

持久性是猎人承受静力负荷而又保证质量的耐久能力。持久性训练，应遵循循序渐进、逐步加大负荷的原则，和稳定性、一致性训练相结合，通过训练的总时间、据枪次数、负荷强度来体现。

（4）稳、瞄、扣配合训练

据枪稳定的状况与瞄准、扣扳机紧密配合最后产生训练效果。要实现稳、瞄、扣三者协调配合，应做好以下几点：①练稳。良好的枪支稳定性是瞄、扣配合的基础。枪支在瞄准区内呈有规律的缓慢晃动且晃动范围小。②预压扳机训练。食指单独用力、压实到位，是适时击发的重要准备。③击发心理素质训练。保持击发过程心情坦然，不急不躁。④不苛求瞄准。构成正确瞄准后能适时扣响扳机。

各种姿势稳、瞄、扣配合的方法各有不同：卧姿宜采用“精瞄稳扣”的方法；站姿瞄准应是一个范围，而不是瞄一个点，宜采取利用稳定期扣扳机的方法；跪姿和坐姿应采用“稳扣”与“在枪支微晃中保持住力量扣”相结合的方法。稳、瞄、扣是一个有机配合的整体动作。三者的协调配合是步枪射击中的关键技术，也是一个长期训练的过程。

4.3.4 狩猎步枪的校正方法与技巧

（1）狩猎步枪瞄准线的校正方法

在25码（约23米）外搭设一个有靶心的靶子。步枪校准多数先在25码（约23米）处开始，然后在100码（约91米）处，这能使远距离瞄准时更加准确。

然后取下步枪的枪栓，瞄准靶心时，移动步枪，使靶心和枪管连成一线。如果用的不是手动栓式步枪，可以在枪管尾部插入一个准直器（一种瞄准工具），然后继续进行瞄准线校准。调整瞄准镜时，检查瞄准镜，看准星与靶心是否也成一条线。如果不是，向想让瞄准镜移动方向的反方向调整瞄准镜上的旋钮，直到准星经过靶心。换句话说，如果想要准星移动，则要向相反方向调整瞄准镜旋钮。瞄准线校准完后，要立即把枪栓装回原来的位置。

（2）利用实弹射击校正步枪的方法

在瞄准镜中找到目标，目标应该仍在25码（约23米）外。直接把准星瞄准靶心中央，与瞄准线校准的位置不应该有太大的变动。一旦步枪瞄准靶子后，要仔细检查支架，以确保其稳固性，且射击时枪不能有移动。有必要的话可在枪尾再放一些沙袋。然后装上弹药，不同的子弹有不同的重量，所以校准之后若再更换弹药可能会造成射击不准确。要明白一个道理：当校准步枪时，实际上是在为某种特定的弹药校准，轻轻装回弹夹，不要移动步枪的位置。进行第一轮射击，向靶心射击3次，注意不要移动。要在几乎没有风的情况下射击，这样就不会受到风的影响。找到靶上第一组射击的中心，测量中心距离靶心的位置，使用瞄准镜调整旋钮，在垂直和水平方向上调整准星。例如，如果向上需移动7.6厘米，则需将瞄准镜调整旋钮向上调整。再次射击，依然每组射击3次，必要时调整瞄准镜，直到可以击中靶心。最后把靶子放在100码（约91米）处。重复每组3次的射击直至能再次准确击中靶子。做到这一点，狩猎步枪才算真正成功校准了。

4.3.5 狩猎步枪瞄准镜的基本使用方法

为了提高狩猎时的射击精度和射击距离，有些狩猎者会在狩猎步枪上加装光学瞄准镜。光学瞄准镜的最主要功能是使用光学透镜成像，将目标影像和瞄准线重叠在同一个聚焦平面上，即使眼睛稍有偏移也不会影响瞄准点。通常光学瞄准镜可以放大影像倍数，也有不放大倍数的。而可放大倍数的瞄准镜又可分固定倍数或可调倍数两类，如4×28指的是物镜直径28毫米，固定放大倍率4倍的瞄准镜，3～9×40则是物镜直径40毫米，可调整放大倍率从3～9倍的瞄准镜。

一个光学瞄准镜至少有3个光学透镜组，一个是物镜组，一个是校正镜管组，一个是目镜组，还可能有其他镜组。物镜组负责集光，所以当物镜越大，瞄准镜中的景物就应该更明亮，目镜组负责将这些光线改换回平行光线，让眼睛可以聚焦，造就最大的视野；而校正镜管组则是将物镜的影像由上

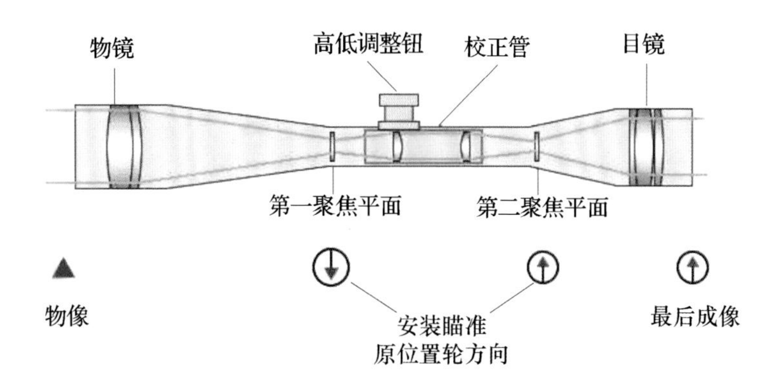

▲ 瞄准镜的结构

下颠倒、左右相反而修正成正确方向，并且负责调整倍率。瞄准线所在位置可以在校正镜组前的第一聚焦平面，或是其后的第二聚焦平面，而风偏调整钮、高低调整钮，以及放大倍率环都是用来控制校正镜管组的左右、高低、前后位置。一个高级瞄准镜镜身内可能有多达9个以上的镜片，透过适当的镀膜，其透光率可能超过95%。不过即使透光率没这么高，视野内的明亮度可能还是高过肉眼视野的明亮度，因为一般物镜的集光面积都大过眼睛的集光面积。

光学瞄准镜基本使用方法：倍率调整，变倍瞄具在目镜的镜筒上标有刻度，拿2～6倍来说，通常会标有2、3、4、5、6这些倍率的定位点，可以旋转目镜上的三角图形定位刻度对准相应数字刻度即可，但不同距离上的物体在一些倍率上会视物模糊，所以并不是非得将三角定位刻度准确标定在数字上，只要视物清晰即可。

调节旋钮，位于正上方的是距离补偿旋钮，位于右侧的是风偏旋钮。

上方的旋钮有一箭头标有“up”，也就是顺着箭头方向旋转弹着点会向上移动，比如5发射击，弹着点均在十字中心下方，可以朝“up”方向旋转，不断调整这样再次射击弹着点会渐渐与十字线中心水平线重合。

右侧旋钮有一箭头标有“L”这个就是顺着箭头方向旋转，弹着点会向左修正，同样比如五发一组射击，弹着点偏十字线中心右侧，可以向“L”方向旋转，这样弹着点会渐渐向十字线垂直线方向靠拢。

4.4 狩猎霰弹枪的射击技能

4.4.1 霰弹枪的使用常识

霰弹枪的威力发挥是有前提条件的——近距离。相对于步枪而言霰弹枪拥有自己独特的优势，那就是一次性发射多发弹丸有助于提高命中率，同时因为多发弹丸的散布效果会命中动物的多个部位产生比步枪射击时更多的伤口；霰弹枪的劣势是射程近，同时霰弹枪还有一个缺点就是单发弹丸的穿透能力和空腔效应有限（使用独头弹除外）。霰弹枪主要的杀伤就是依靠多发弹丸同时命中目标造成多部位损伤产生伤害叠加的效果（甚至可能一两发命中要害造成致命伤）。

使用霰弹枪时根据使用的弹药不同射击的距离也不相同。如果使用默认的鹿弹狩猎，那么比较理想的射击距离应该是20～30米；如果使用独头弹狩猎，那么理想的射击距离大概是50～70米，这里建议的距离主要的考虑因素有两点：第一是在这个距离上射击能保证射杀效率；第二是这个距离比较好获得射击机会，射击前惊动猎物的概率也会小一些。

霰弹枪一般都会在枪管口处装“收束器”，收束器的作用就是保证霰弹在发射后不会立刻有很大的散布，而是以一种比较密集的散布先飞行一段距离后再散开，这样做的好处是保证弹药在近距离能有很密集的弹着点，增强杀伤效果。因为单发弹丸的杀伤效果很有限，所以说这也是霰弹枪只有在近距离时才能发挥出全部威力的原因。

4.4.2 霰弹枪的校正方法

（1）校枪

霰弹枪要经常校对、检修、调整，保持处于完好状态。校枪方法：猎人把枪管取下，把一颗新弹壳装入弹仓，再把枪管平放，瞄准前方40余米的一个目标（如一块砖），再从弹仓里空弹壳的中心孔向前瞄，看那个已经被瞄准的目标，如果这个目标正好被枪口罩住，说明枪管平直，瞄准系统正常，否则就要检修。试射是校枪的重要手段。用上述两法调整后的猎枪，还必须要经过最后试射加以检验。

（2）试射

试射不但是校枪的重要检验手段，通过试射还可以解决以下问题：第一，了解猎枪霰弹分布。国际试射规定：直径800毫米的靶纸，距离35米，用7号霰弹（直径2.5毫米）射击，求出弹粒中靶的百分比，这是霰弹分布面积的实测法。第二，检验霰弹枪杀伤力也叫穿透力。测定时，猎人取红松木板一块，用直径2.5毫米的铅弹，距50米射击，如果弹丸深入木中相当于3个弹粒的深度，杀伤力最好；深入木中相当于2个弹粒深，杀伤力良好，深入木中1个弹粒深，杀伤力可以；如果霰弹可以看见，或突出木板外面，则杀伤力不足，应该调整一下弹量和药量的比例关系。第三，试射可以了解自己猎枪使用独弹散布的情况。从50米的距离射靶6次，弹着点的分布直径，以不超过20厘米为合格。散布范围越小越好。第四，试射是求得自己猎枪弹、药装填量最合理数据的唯一方法。同类型号的猎枪，霰弹与发射药的比例关系并不完全一样。为了求得理想的命中效果和足够的杀伤力，必须进行多次试射。一般规律是：当弹量不变，增加发射药量，增强了杀伤力，却使弹丸的分布面积扩大，减少了射击密度；如果发射药量不变，增加霰弹的重量，则会提高射击密度，使弹丸的分布面积集中，但却减弱了杀伤力。猎人根据这种变化关系，不断调整弹量和药量，最后求出自己猎枪弹、药用量的最佳数据。

4.4.3 双管猎枪的应用

双管猎枪也是狩猎中常用的一种猎枪种类。双管霰弹枪是一种有两根枪管的猎枪，可分为水平排列或上下排列，可算是最早期的猎枪之一，前身为镇暴枪。这种武器采用中折式装填的原理，每次只能装填2发霰弹。

其主要特点是：在发射后猎人便需打开膛室手动进行退壳和装弹，也有双管猎枪有自动退壳装置。此结构非常简单而且耐用。

直至现在，双管猎枪仍然作为不少猎人狩猎用的枪械。而上下排列双管霰弹枪因为枪身比较厚重，所以通常用于射击比赛。

双管猎枪管长多为750毫米左右。为了保证所需要的有效射程，枪管也分为五级缩口。使用铅霰弹射击有效射程50米左右。后膛装弹设有2个扳机，可以连续2次快速射击，有的双管猎枪同时装着滑膛枪管和来复枪管，可以发射霰弹，也可以发射独弹，是深山密林射击大型动物和猛兽的有效武器。

4.4.4 举枪、瞄准、射击方法

狩猎时使用霰弹猎枪要达到百发百中的高水平，必须从以下三点做起：一是保持猎枪性能的完好。二是苦练射击基本功，掌握射击法。三是了解鸟兽速度，掌握提前量。猎人把以上三点融为一体，巧妙结合则可提高射击命中率。

为了便于猎人掌握运用，将详叙如下。猎人对动体射击，常用的射击法有以下三种：第一，用猎枪追逐运动目标，在超过他的瞬间给以合适的提前量，在不停止枪身追逐运动的同时扳机射击。第二，猎人迅速把猎枪瞄向运动目标的前方，或野兽必经之路的一个点，压下第一道扳机，待野兽接近到所需要的距离时射击。第三，举枪就打，不另瞄准，这种射击法也有少数人采用。只有在消耗了大量弹药的情况下才可能有效果。

还有一种方法是把举枪、瞄准、扳机这三个射击动作混为一体，闭住一口气瞬间完成。

为便于猎人学习、掌握，现把动作分解和射击要领分叙如下。

①举枪：狩猎时的射击姿势通常有卧姿、站姿、跪姿和坐姿，无论采取哪种姿势射击，都要求猎人能十分熟练的举枪和抵肩。举枪要快速，抵肩部位要准确，这两点必须在同一瞬间完成，给上线（瞄准）打基础。

②瞄准：也叫上线，是指猎人的眼睛、猎枪的瞄准系统和目标构成一条直线。猎人做到抵肩部位准确，猎枪的瞄准系统必然与猎人的眼睛构成一条直线，这时，枪随眼动，目光永远与枪管同一方向，猎人的眼睛看到哪里，枪口指向哪里，猎人的眼睛看到目标了，枪口也必然指向目标。

③射击：在枪随眼动的状态下，猎物如果是快速运动着的目标，猎人需当机立断，准确决定提前量。

猎人扣动扳机的瞬间，必须根据猎物的运动方向和移动速度，准确确定提前量。如野兔中速横跑，距离猎人30～40米，射击这样的运动目标，猎人在瞄准状态下看到了兔子，再向前看一点（大约一个兔子的距离），枪口也随之向前移动了一点。又如顺向送射30米左右的野兔，在瞄准状态下，猎人的眼睛看到了兔子，枪口也指向了兔子，但霰弹射到兔子身上要有一定的时间，所以也必须有一定的提前量，由于野兔抿着两耳跑，只要猎人的眼睛在瞄准状态下再抬高一点，在刚看不到兔子的瞬间扳机，也就是在野兔脊背上而大约半尺高的地方作为狙击点，枪响之后，兔子也必在枪口下倒毙，这都是根据猎物的运动方向和移动速度，正确确定提前量的结果。

④注意事项：在瞬间击发的时候，有两点是初学射击的人常犯的毛病，也是射击不准的原因，一是射击时闭眼，这是初学者不知不觉常犯的毛病；另一个是扣动扳机的瞬间，停止了枪管追逐猎物的运动，这是弹着点落后的重要原因。纠正以上毛病的方法，是猎人严格的自我训练，要坚决做到射击时不眨眼，枪口保持追逐的运动状态。

4.5 几种射击常见动作的技术要领

猎人掌握了射击方法之后，对不同状态下的动体进行射击，提前量不同，瞄准狙击点也不一样，综合归纳，简叙要领如下。

4.5.1 向上射击

鸟从地面突然起飞，这时射击的狙击点要看鸟的飞行特点而定。鸟向远处高飞，按偏高送射打法，狙击点在目标的下面（详见下节偏高迎射），垂直上升（或几乎垂直高飞），狙击点在目标的上方。

4.5.2 向下射击

鸟兽出现在猎人位置以下，或偏低横射、偏低送射等，猎人要视当时的情况而定。

4.5.3 仰面射击

鸟水平飞行，出现在猎人头顶，当与猎人距离最近，猎人从下面向它腹部射击，提前量与横射相同。

4.5.4 横向射击

在猎人面前鸟兽横过，只要准确判定距离、鸟兽速度，从而确定提前量，易于命中。狙击点在鸟兽前进方向的前面。

4.5.5 迎面射击

是猎物迎面向猎人而来的一种射击法，分偏高迎射、偏低迎射和平行迎射三种。偏低迎射，瞄准点在猎物的前下方。如野兔从比较平的地面奔来，猎人站立射击猎物的位置偏低，狙击点在它两腿前的地方；猎人如果蹲姿射击，则是平行迎射，无提前量，只要左右不偏，瞄准猎物实体开枪就行。偏高迎射，待飞鸟来到猎人上空再打，按仰射法瞄准。

4.5.6 顺向送射

猎物从猎人面前向前方离去时的射法，也分偏高送射、偏低送射和平行送射三种情况。距离如果30米左右，平行送射与平行迎射一样，瞄准猎物实体射击，无提前量。偏低送射，狙击点在顺跑兔子脊背上方半尺左右。偏高送射的狙击点在鸟的下方。

山地巡猎，猎人自己惊起的野鸡，经常是从猎人行进方向的前方不远处突然起飞，以18米/秒左右的速度向前、向上飞去。射击这种野鸡的提前量，应以野鸡尾尖为狙击点，只要对着尾尖瞄准开枪，百发百中。野鸡飞行速度，雌雄略有差异，雄雉较快，但雉尾较长，下垂量较大，雌雉飞行较慢，但尾较短，下垂也稍小。因此，只要对着它们的尾尖开枪，提前量都恰好。为什么偏高送射顺飞野鸡的提前量在鸟的下方呢？从下图中可以看出：野鸡在起飞的瞬间，是沿着弧线2飞行的，对着野鸡下方瞄准开枪，霰弹沿弹道3飞行，命中野鸡。反之，如果

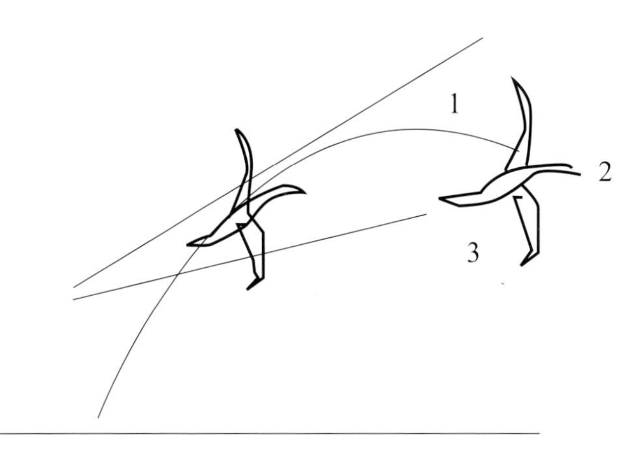

▲ 偏离送射法（1. 错误瞄准的弹道；2. 野鸡飞行的轨道 3. 正确的瞄准弹道）

猎人对着野鸡的上方瞄准，霰弹沿弹道1飞行，不能命中目标，这是不了解射击要领的人常犯的毛病。

4.6 射击速度与提前量

为了便于猎人随时都能准确射击，现将鸟兽速度、霰弹速度与几个提前量的数据，作以下介绍，供猎人修正射击瞄准点参考。

表4-1 不同直径的霰弹在不同距离内的飞行时间（秒）

直径（厘米）	距离（米）						
	2.0	2.5	3.0	3.5	4.0	6.17	8.49
20	0.07	0.06	0.06	0.06	0.06	0.06	0.06
30	0.11	0.11	0.10	0.10	0.10	0.09	0.09
40	0.17	0.16	0.15	0.14	0.14	0.13	0.12

表4-2 常见狩猎鸟兽在微风下的速度

动物名	雁	野鸭	野鸡	鸽、鸠	野兔中速	野兔快速	狐
速度（米/秒）	19～2	20～26	18	16	7	10	12

表4-3 关于野兔横跑和野鸡横飞的几个提前量

动物名称	速度（米/秒）	霰弹直径（毫米）	距离与提前量（米）			
			20	30	40	50
野兔中速	7	3	0.42	0.70	1.05	1.33
野兔快速	10	3	0.60	1.00	1.50	1.9
飞行中的野鸡	18	2.5	1.08	1.98	2.88	

4.7 影响射击命中效果的因素

影响命中精度的原因很多，主要的有以下几方面；第一，子弹飞行的时间。第二，动物的速度。第三，猎人与猎物之间的距离。第四，外弹道的影响。独弹射击影响较大；霰弹在40米射击，影响不大，可以不考虑。第五，五级以上风力影响较大；三四级风，对霰弹飞行影响不大。

猎人根据以上因素，综合分析判断，正确修正提前量，猎场射击才能准确命中目标。瞄准线、瞄准点和提前量，是准确射击动体目标的三要素。猎人要达到百发百中的高水平，成为每枪必获的神枪手，除了苦练射击基本功之外，还必须掌握这些射击知识，在狩猎射击中熟练运用。

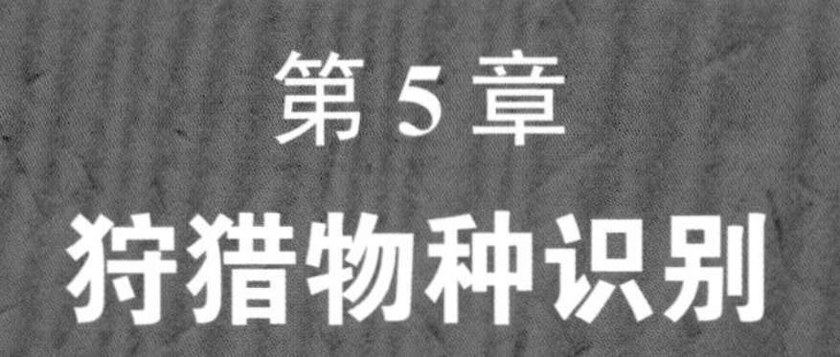

第 5 章
狩猎物种识别

优秀的猎人一定要具备高超的野生动物识别技能。因为狩猎活动是通过猎人和猎物形成的，二者缺一不可。在自然界中，野生动物种类繁多，在长期的进化过程中，占据了不同的生态位并各自形成了不同的生活习性。在狩猎过程中，猎人需要熟悉地掌握大自然中各种野生动物不同的习性，清楚狩猎野生动物的活动范围、活动时间和遗留在地面上的足迹链等蛛丝马迹。猎人根据这些线索的引导，确定所要狩猎野生动物和当地其他野生动物的活动情况。狩猎具有一定的风险性，收集到这些信息可以有效地帮助猎人制定最优狩猎策略，避开受保护的野生动物和凶猛的野生动物，让猎人借助现代化的狩猎工具，快速准确地狩猎到心仪的战利品。

本章主要对狩猎物种的识别进行介绍，分别对野生动物实体观察和足迹链做讲解。旨在帮助猎人了解野生动物和猎物的区别，深入掌握狩猎野生动物的分布区域、体态特征和生活习性等。在不同环境为狩猎提供制定最优狩猎策略的信息基础，提高狩猎成功率和避免误伤其他野生动物。

5.1 野生动物与猎物

野生动物既有生物学的概念，又有法学的概念。

我国学术界认为，生物学的“野生动物”通常是指野外环境生长繁殖的动物。一般而言，有野外独立生存、具有种群及排他性等特征。而人工繁育的家畜马、牛、狗、猫等不属于野生动物。因为它们离不开人类为它们提供的生活环境。关于野生动物的定义可见本书的第一章第一节。

在涉及野生动物的保护管理工作中，“野生动物”的概念是具有法律含义的。按照我国《野生动物保护法》和全国人大常委会有关决定的规定，野生动物系指《国家重点保护野生动物名录》《地方重点保护动物名录》和《有重要生态、科学、社会价值的陆生野生动物名录》所规定的野生动物，以及《全国人民代表大会常务委员会关于全面禁止非法野生动物交易、革除滥食野生动物陋习、切实保障人民群众生命健康安全的决定》和《刑法修正案（十一）》中规定的野外环境自然繁殖生长的野生动物（该名录目前尚未制定）。前三个名录包括的物种就超过2000种，我们平时在野外能看到的野生动物基本上都包括在内。

猎物是指野生动物保护主管部门规定的可以合法猎取的野生动物，主要是鸟、兽两大类。每年狩猎季节开始之前，野生动物保护主管部门会根据上一年度野生动物资源调查的结果，遵循猎捕量不大于增长量和可持续利用的原则，确定当地可以狩猎的野生动物种类和狩猎限额，以此为基准发放狩猎证。由于缺乏野生动物资源调查的资料，部分野生动物保护主管部门在一些地方没有确定允许狩猎的动物种类和数量，在这些地方则无法开展狩猎活动。为了解决这个问题，部分地方采用了“反向名录”的方法，即猎人只能猎取规定的猎物种类。也就是对部分资源数据清楚的野生动物确定了狩猎的种类和猎捕量。一个地区的野生动物可能种类很多，但是每年规定的猎物种类和数量有限，野外识别也就没有那么困难了。

5.2 狩猎物种识别的必要性

猎人学习识别野生动物的最主要作用，是要做到按照特许猎捕证或者狩猎证的规定猎捕野生动物。根据我国相关猎捕规定，猎人在狩猎前必须先在野生动物保护主管部门申领特许猎捕证或者狩猎证。特许猎捕证或者狩猎证详细记录了猎人的姓名、所属单位、狩猎地点、期限、种类、数量或者限额、性别，国际上有的狩猎证还规定了猎物的年龄、角的大小等。猎人只有熟悉掌握野生动物识别技术，才能快速判断遇到的野生动物，确保按照特许猎捕证或者狩猎证的规定进行狩猎，避免误猎的发生。

误猎有时会造成严重的后果。我们在前面说过，现在能在野外见到的野生动物基本上都受到了保护，其中还有一些濒危的野生动物。一旦误猎了国家、地方的重点保护动物，猎人可能会被追究相关的法律责任，有的甚至要给予刑事处罚。

学习野生动物识别还有利于狩猎安全。猎人在野外狩猎时，有可能遭遇到危险的大型猛兽，如虎、熊和金钱豹等。如果猎人能从活动痕迹上判断出此类猛兽的数量和分布，以及它们的性别和繁殖状况，如抚育幼崽的母熊等，就能预测危险，提高警惕，制定最安全的狩猎策略，采取必要的自卫措施，降低狩猎风险，确保自身的安全。

掌握野生动物识别知识也是猎人参与和支持野生动物保护管理的基本要求。野生动物保护主管部门根据自身工作需要，会要求猎人参加野生动物调查，提供遇到的濒危或罕见的野生动物的线索，发现的新物种或新纪录，或者提供偷猎者猎杀的猎物种类和数量，这些都要求猎人具有基本的野生动物识别知识。

5.3 常见狩猎物种识别方法

在野外识别野生动物，最基本的要求是确定到种类，其次是野生动物的性别，再有就是年龄。在一些特殊的情况下，还需要知道野生动物某些形态特征的尺度，如盘羊角的尺寸大约有多大，是否符合了当地规定的狩猎标准或自己的狩猎预期目标。

为了实现上述的目标，就需要我们在野外遇到野生动物的时候，以自己掌握的野生动物识别知识，收集尽可能多的信息，特别是一些关键性的信息，来满足快速识别的要求。在野外收集野生动物信息的方式多种多样，最常用的是直接目击、活动踪迹和栖息地条件，其中以实体观察最为重要和直接，收集的信息量最可靠。

5.3.1 实体观察

实体观察是对野生动物的个体进行外表直接观察，它能对目击的野生动物进行最全面细致的观察，收集第一手、最直接权威的关于野生动物外部身体体态特征的信息，如大小、粗细和高低；身体的颜色，如是否有色斑，色斑的颜色、形状、位置和组合；身体表面的结构，如角和獠牙、头上和颈部是否有鬣毛；活动方式，如觅食行为，是单独活

▲ 盘羊

动还是群体活动，群体内个体之间的关系，叫声的特点。只要视野开阔，观察时间足够长，实体观察收集的信息足以让我们判定目击野生动物的种类和性别。

水禽多是指雁鸭类动物，它们不仅种类众多，而且很多种类会混杂在一起，识别的难度较大。水禽主要是靠形态外观进行野外识别。在猎物类群中，牛科动物和鹿科动物因为体型硕大、角型美观而成为猎人最喜爱的猎物，而它们角往往具有独特的形态结构，是最主要的鉴别特征。牛科动物的角不脱落，终身生长。随着年龄的增加，角上不断增加年轮，可以作为年龄鉴别的依据之一。

鹿科动物的角每年脱落，再长出新角。新角的表面布满一层绒毛，称为绒角（这时把角割下来，经过炮制，就是中药里面使用的鹿茸）。以后鹿角角质化，表层的绒毛脱落，成为鹿角。每种鹿角都有自己独特的结构，可以作为种类鉴定的依据之一。

大部分野生动物种类的雌雄个体具有一定的差异，通过观察野生动物的体型特征，就可以把雌雄两性区分开来。白鹇的雌雄差异明显。赤麻鸭的雌雄个体的体色基本相同，只有在繁殖期，雄鸭脖子上出现一个窄窄的黑环，才可以作为可靠的性别鉴别特征。北山羊的成年雄性的角型和大小、胡须和体色都与成年雌性有着显著的差异。河麂的雄性个体具有显著的獠牙，是可靠的性别鉴定特征。当然，抚育幼崽的个体都是雌性。

有些鹿类的角型会随着年龄的增长而变化。梅花鹿雄性幼鹿在出生后第二年开始长出简单的圆锥形

▲ 根据物种的外形特征，为下一步射击做信息储备

角，下一年角具有两叉，以后会增加到三叉，直到最后长成四叉的成年公鹿的角型。达到四叉，叉数稳定，不再增加。

5.3.2 足迹链观察

在野外狩猎过程中，能够直接见到野生动物的概率是非常小的。在空旷安静的野外，到处都是树林，见不到野生动物，初次狩猎猎人会喟叹不已，抱怨自己的运气不佳。但是，有经验的猎人会像破案的侦探一样，四处寻找动物留下的蛛丝马迹，把所有的线索汇集在一起，分析归纳，抽丝剥茧，确定动物的种类或类群，查找猎物的隐身之处，寻找最合适的狩猎地点。老练的猎人能通过动物留下的足迹，推断出它的性别、年龄（幼体或成体）、经过的时间、是否会返回和返回的时间等信息。只有具备了熟练地跟踪动物的技能，才能成为老练的猎人。

野生动物的踪迹大致可分为：动物的足迹；遗留的毛发和羽毛；粪便；取食留下的痕迹，如在地面上留下的痕迹，取食后的植物断茬，遗落在地面的植物，吃剩下的动物尸骸；泥浴坑，沙浴坑，在树干上留下的牙痕、擦迹和爪痕，刨痕；巢穴。

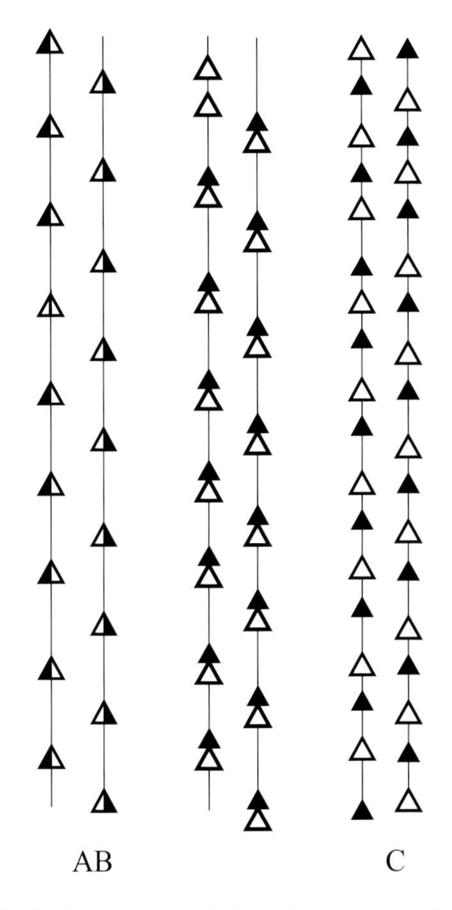

▲ 行走足印类型（A—后足套准在前足上；B—后足轻微超越前足；C—浣熊兽的行走步态；△—前足印；▲—后足印）

足迹和足迹链特征。首先了解两个术语的含义。足迹：指留在地面上或其他物体表面的兽类单足印迹，又叫足印和印痕。足迹链：包括一个动物经过

▲ 猪的侧面走

某地留下的一条连串足迹和有关的踪迹。

步态：也可称为步法，是指动物运动时惯常使用的并列运动类型，含行走、奔跑、飞奔、跳跃等类型。

双印式：链状的两行足迹，即动物在行走时右后足踏入右前足的足印中，左后足踏入左前足的足印中。

步幅：即动物行走时的两个相距最近的前后足形成的足印间的距离。

▲ 鹿的奔跑

覆盖（重合）型足迹：即动物的后掌印与前掌印重叠时形成的足迹。

趾垫：每一个足趾下前部的椭圆形垫。

末超越型足迹：是在后足印位于前足后侧时形成的足迹。

后蹄瓣：偶蹄动物的第二趾和第五趾。

超越型足迹：后足印位于前足印之前时形成的足迹。

掌垫：足后部的1～2个不规则足垫。

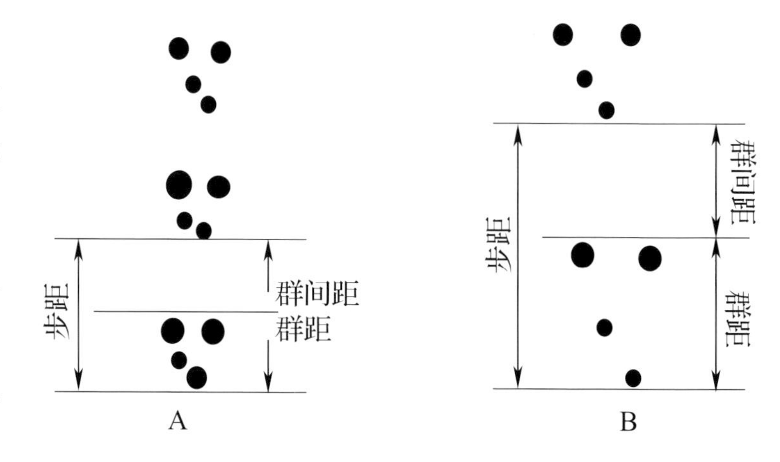

▲ 兔科足样群链的群距，步距和群间距测量法（A—较快步距的足样群链；B—较远移动步距的足样群链）

四印式：动物在跳跃时留下的4个一组的足迹。

跨距：动物移动时左右足形成的足印间的距离。测量时要考虑到足印本身宽度。

跖行性：跗、跖、趾均着地的行走模式。如熊类、灵长类（包括我们人类）等是较好的实例。

趾行性：全趾着地的行走模式。如犬科和猫科动物。

蹄行性：仅趾端（蹄）着地的行走模式。如鹿科和牛科动物。

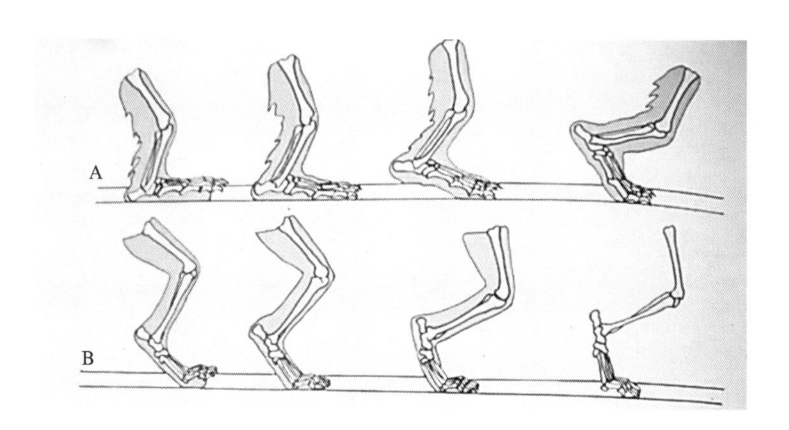

▲ 跖行和趾性兽类足趾着地行走的比较（A—熊类动物的跖行方式；B—犬科郊狼的趾行方式）

5.3.3　常见狩猎物种野外识别

（1）食肉目

①犬科

大多数的犬科动物属于中型和大型食肉动物，腿较长，多数善于快速奔跑和长时间追击猎物。犬科的典型代表性动物属于趾行动物，爪子不能伸缩，所以能在地上留下清晰的爪印。一趾经过退化后位于足上方较高处，故不能在地上留下趾印。犬科动物在夏天脚掌光秃无毛，冬天长出硬毛，所以冬季留下的足迹不清晰。

狼（*Canis lupus*）

前足5趾，第1趾甚小（足迹不显）；后足4趾，无踵垫。前后趾垫印明显而近等大。爪印与趾印相距较近。间趾垫前缘处左右外趾垫的中前位。具多种运动方式和步态，均走直线。

狼的足迹形状像狗的足印。成年雄狼的足印长度可以达到10.5厘米，宽度可达8厘米。与猫科动物相比狼的掌垫相对于趾垫较小，一般能在地上留下爪痕，步幅为60～68厘米。狼群在深雪地里活动时，它们会依次地沿着前一只狼的足迹前进。

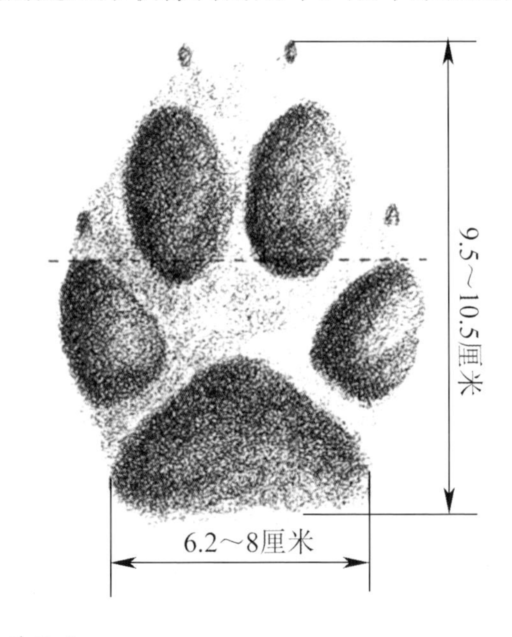

▲ 狼的前足印

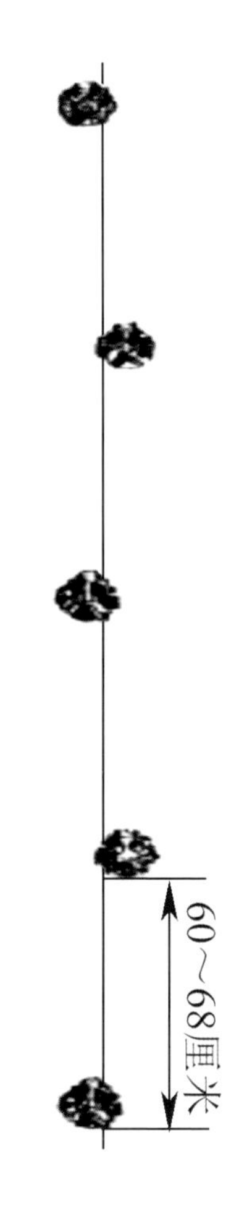

▲ 狼的足迹

②猫科

豹（*Panthera pardus*）

后足印略大于前足印，4足均具近等大而不带爪印的4个趾印，后足趾印间距明显大于前趾印。间趾垫印后中部凹陷深窄，前足间趾垫印较宽，后足间趾垫印较小，窄于两外侧趾内缘横宽。

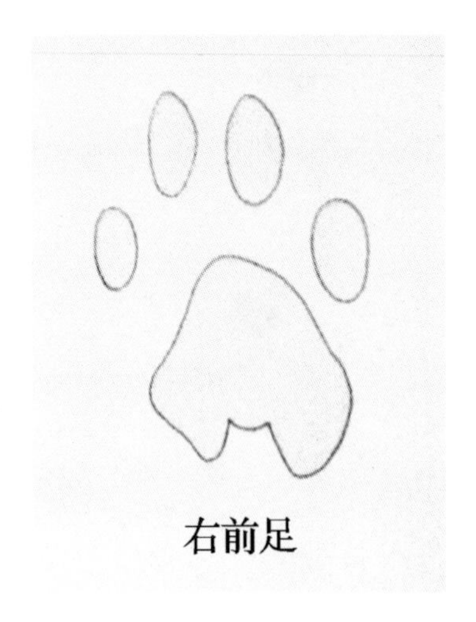

▲豹的前足印

▲貂熊（狼獾）在雪地上的足迹

③鼬科

貂熊（*Gulo gulo*）

成年雄性貂熊的足迹长为14～18厘米，宽为10～13厘米。足迹通常呈直线形。无论是前足足印还是后足足印都有5个脚趾印、足印上大爪印清晰可见。

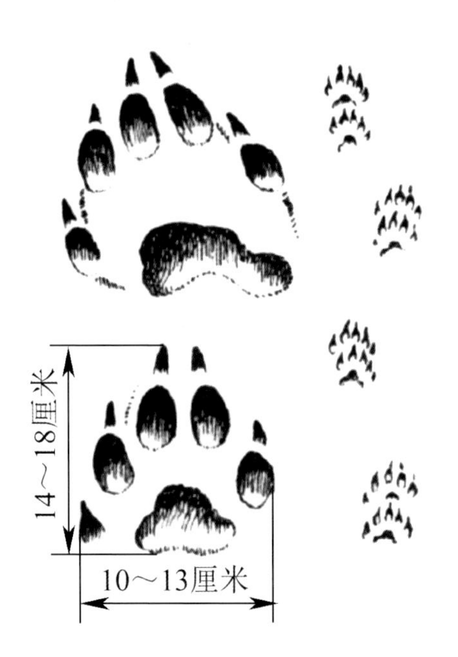

▲貂熊（狼獾）的前后足印

（2）偶蹄目

①鹿科

梅花鹿（*Cervus nippon*）

梅花鹿前蹄瓣有锋利的蹄尖和巨大的“蹄垫”，后蹄瓣平面修长，即使在硬地上也会留下压痕。雄梅花鹿的蹄印长度为7厘米，宽为5.2厘米，在平静地走路时步幅长45～60厘米，跳跃时跨度为3～5米，有时可以达到8米。

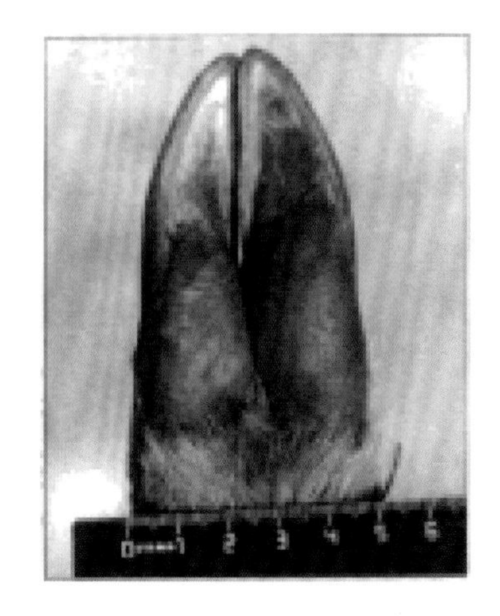

▲雌梅花鹿的后蹄

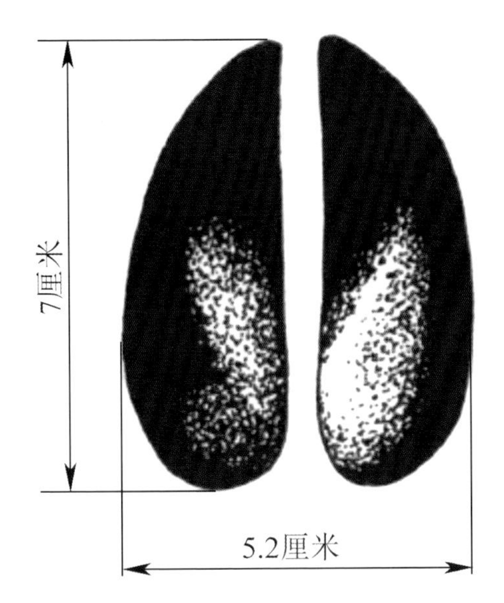

▲ 梅花鹿的蹄印

在冬季的后半期，特别是下大雪之后树枝和灌木枝是梅花鹿的主要食物，所以梅花鹿必须寻找倒下的或者折断的杨树、桦树或柳树啃食嫩枝。

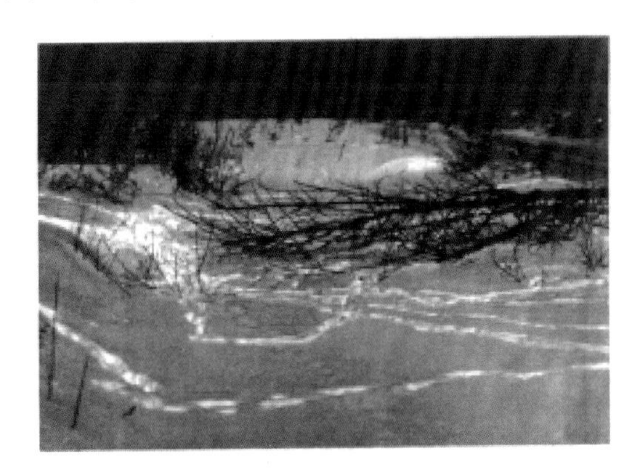

▲ 梅花鹿的足迹

狍（*Capreolus capreolus*）

与其他鹿科动物一样，狍的蹄印中较明显的是三趾和四趾印记，蹄印中三趾与四趾的压痕是连在一起的。成年狍蹄印长约为5厘米，宽为3厘米。狍的后蹄瓣很少能在地上留下痕迹，即使有后蹄瓣印也比麝的后蹄瓣印小。狍在光滑的地面上快跑时蹄瓣分开，但是分开的幅度不像麝的那么大，步幅长为35～45厘米。

雪深超过60厘米，这对于狍，特别是幼狍已达到生存的极限条件。狍为了寻找食物在雪地上艰难地移动，在有些地方留下了很深的沟。

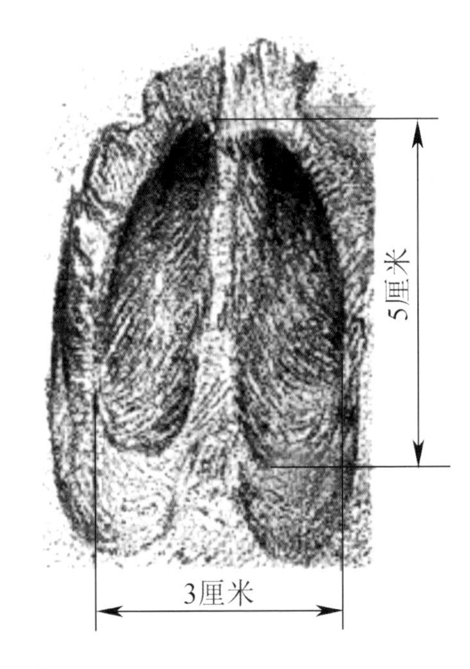

▲ 成年狍的蹄印

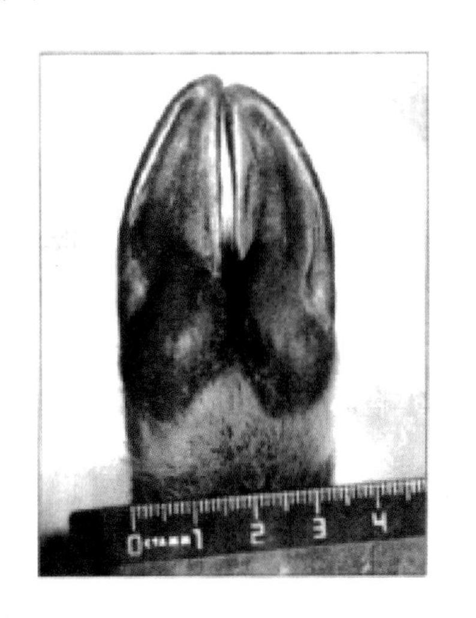

▲ 雌狍的前蹄

▲ 深雪地上狍留下的蹄印

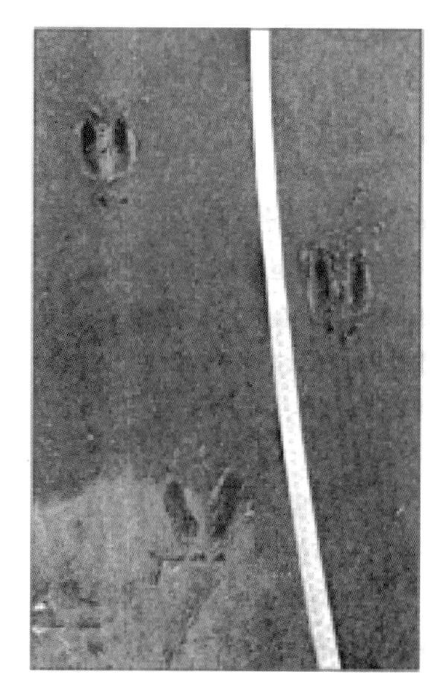

▲ 斑羚在沙地上的蹄印

②牛科

斑羚（*Naemorhaedus goral*）

斑羚的蹄印非常特殊，雌雄斑羚蹄印的大小几乎一样，前蹄蹄印大小为6厘米×4厘米，后蹄蹄印的大小为5厘米×3.5厘米，蹄印后部有模糊的后蹄瓣印记。斑羚的蹄印也可能在小路的松软土地上见到。斑羚不适合在深雪地里活动，行动方式一般为踱步或幅度很小的跳跃。在平坦的地方跳跃的距离为2米左右，在缓坡上向下跳跃时的距离可以达到3米。

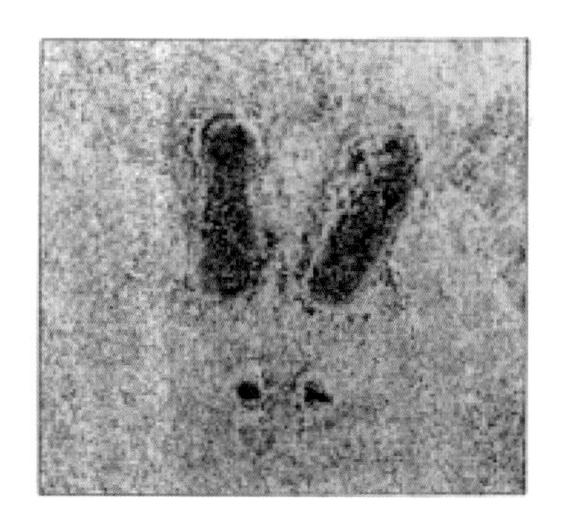

▲ 斑羚的蹄印

北山羊（*Capra sibirica*）

北山羊的偶蹄足印与其他羊类的蹄印形态差别颇大，蹄印前部呈“剪刀”状开口，前后足的单蹄前端均为三角尖形，而偶蹄中段蹄印几乎不左右分开。

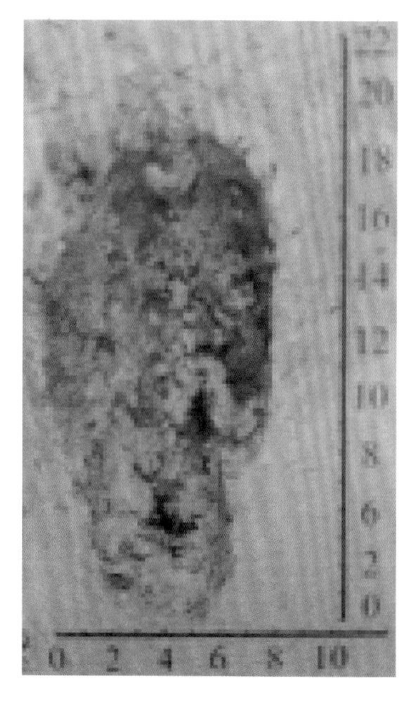

▲ 北山羊足印（左前足）

（3）兔型目

①兔科

雪兔（*lepus timidus*）

雪兔的典型特征是后腿很长，走路时后腿分开跨到前腿的前方，两条前腿走路时间距很窄。所以雪兔后足足印很宽，足印的前端为圆形，比前足留下的足印几乎要长1倍。雪兔在深的、松软的雪地上留下的后足的足印长为17～18厘米，宽为10～12厘米。在硬实的浅雪地上足印的宽度要小一倍，通常为5.5～6.5厘米，而长度不变。雪兔跳跃时与草兔和东北兔不同的是雪兔比较善于在雪地上行动。特别是在松软的雪地上更有优势。

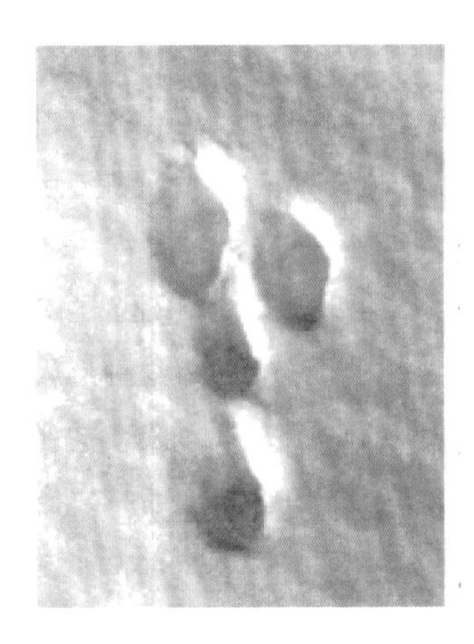

▲ 雪兔在雪地上留下的足印

▲ 东北兔的足迹

5.4 国内常见狩猎物种

5.4.1 野猪（拉丁名：*Sus scrofa*）

外形特征：体重90～200千克；体长为150～200厘米，肩高90厘米左右，尾长21～38厘米，耳长24～26厘米；不同地区所产的大小也有不同。头部和前端较大，后部较小。四肢粗短，头较长，耳小并直立，吻部突出似圆锥体，其顶端为裸露的软骨垫（拱鼻）；每脚有4趾，且硬蹄，仅中间2趾着地；尾巴细短；鼻子长而直，嗅觉敏锐。雄性野猪犬齿发达外露，并向上翻转，呈獠牙状。幼猪的毛色为浅棕色，有黑色条纹。

栖息环境：栖息于高海拔的空旷开阔地区，亦喜登高山裸岩，很少进入林区。

分布范围：除了青藏高原与戈壁沙漠外，广泛分

布在中国境内。

生活习性：通常在清晨和傍晚最活跃，在受干扰的地区变成夜间活动，喜欢泥浴。雌性合群，根据地点和季节形成不同大小的种群，4～10只为一群较为常见，雄性大部分时间是单独的。

保护级别：有重要生态、科学、社会价值的陆生野生动物。

5.4.2 阿尔泰盘羊（拉丁名：*Ovis ammon*）

外形特征：雄性体长180～200厘米，体重95～140千克。雌性较小。角粗大，先向后两侧伸出，后向下盘曲呈螺旋状。颏无须，耳小，尾甚短。体背毛暗棕或灰棕色，杂有白色毛。耳内有白斑。臀部白斑大。胸、腹部黄棕色，下腹及鼠鼷部白色。尾背面与体背色相似，中央有一条棕色线。

栖息环境：栖息于高海拔的空旷开阔地区，亦喜登高山裸岩，很少进入林区。

分布范围：内蒙古、青海、甘肃、四川、西藏。

生活习性：多集小群生活，活动区域比较固定，只有遇干旱和冰冻时才迁移。视、听、嗅觉都很灵敏。晨昏活动。以禾本科和各种杂草、灌木嫩枝叶为食。

保护级别：国家二级重点保护野生动物；CITES附录Ⅱ物种。

5.4.3 狍（拉丁名：*Capreolus capreolus*）

外形特征：体长约120厘米，重约30千克，有着细长颈部及大眼睛，大耳朵。无獠牙，后肢略长于前肢，尾短，雄狍有角，雌狍无角，雄性长角只分三个叉。狍身草黄色，尾根下有白毛，尾巴仅2～3厘米。

栖息环境：狍多栖息在疏林带，多在河谷及缓坡上活动（海拔一般不超2400米），狍性情胆小，日间多栖于密林中，早晚时分才会在空旷的草场或灌木丛活动。

分布范围：国内分布于各省。国外分布于哈萨克斯坦、朝鲜、韩国、蒙古、俄罗斯等地。

生活习性：喜食灌木的嫩枝、芽、树叶和各种青草，小浆果、蘑菇等，一般由母狍及其后代构成家族群，通常3～5只，晨昏活动，以草、蕈、浆果为食，雄狍仲夏才入群。

保护级别：有重要生态、科学、社会价值的陆生野生动物。

5.4.4 野牦牛（拉丁名：*Bos mutus*）

外形特征：体长为200～260厘米，尾长约80～100厘米，体重500～600千克。体毛为暗褐黑色，尾部的毛长，蓬松肥大，下垂到踵部。肩部中央有凸起的隆肉，四肢短矮，腹部宽大。头上的角为圆锥形，表面光滑，先向头的两侧伸出，然后向上、向后弯曲，脚尖略向后弯曲。

分布范围：分布于中国青海、西藏、甘肃、四川和新疆东南部等地区。

栖息环境：栖息于高山草甸地带。

生活习性：群居，以高山寒漠植物为食。

保护级别：国家一级重点保护野生动物；CITES附录Ⅰ物种。

5.4.5 藏羚（拉丁名：*Pantholops hodgsonii*）

外形特征：体长为117～146厘米，尾长15～20厘米，身高75～91厘米，体重45～60千克。体毛呈淡黄褐色，略染一些粉红色，腹部、四肢内侧为白色。雄性面部和四肢的前缘为黑色或黑褐色，头部宽而长，吻部粗壮多毛，上唇宽厚，没有眶下腺。鼻部肿胀而略微隆起。四肢强健而匀称。尾巴较短，端部尖细。雄性有角，角长50～65厘米，细长似鞭，从头顶垂直向上。

栖息环境：栖息于海拔4600～6000米的高原荒漠草甸和草原等环境中。

分布范围：分布于中国青海、新疆、西藏等地。国外分布于印度北部。

生活习性：早晨和黄昏出来活动。平时多结成3～10只的小群。善于奔跑。以草和灌木等为食。

保护级别：国家一级重点保护野生动物；CITES附录Ⅰ物种。

5.4.6 塔尔羊（拉丁名：*Hemitragus jemlahicus*）

外形特征：体长为90～140厘米，尾长约9厘米，体重80～100千克。雄性和雌性均有灰褐色的角，角短而侧扁，角上有皱纹。肩部和颈部有长毛，下垂到膝部。头型狭长，蹄子粗大，尾巴较短，腹面裸露。体毛为红棕色或深褐色。

栖息环境：栖息于山坡丛林中。

分布范围：分布于中国西藏。国外分布于克什米尔、印度北部、尼泊尔和锡金等地。

生活习性：群居。性情机警，善于隐蔽和攀登悬崖峭壁。傍晚活动。以禾本科植物和灌木嫩枝、叶等为食。

保护级别：国家一级重点保护野生动物。

5.4.7 北山羊（拉丁名：*Capra sibirica*）

外形特征：体长105～150厘米，尾长12～15厘米，身高100厘米，体重40～120千克。头顶凸起，额部平坦，眼睛大小中等，耳朵较短。雄性的颏下有长须。四肢稍短而粗壮，蹄子狭窄。尾巴较长。夏季背部为棕黄色，体侧为浅棕色，腹面为白色，雄性从头的枕部沿背脊一直到尾巴的基部有一条黑色的纵纹。冬季毛长而色浅，呈黄色或白色。雄性和雌性都有粗大的角。

栖息环境：栖息于海拔3500～6000米的高原裸岩和山腰碎石嶙峋的山带。

分布范围：分布于中国西北。国外分布于印度北部、阿富汗和蒙古等地。

生活习性：善于攀登和跳跃。喜欢成群活动，一般为4～10只，也有数十只甚至百余只的较大群体。以各种杂草类为食。

保护级别：国家二级重点保护野生动物。

5.4.8 贡山羚牛（拉丁名：*Budorcas taxicolor*）

外形特征：体长180～210厘米，尾长18～22厘米，体重为230～275千克。体毛随分布地区的不同呈白色或淡金黄色、灰褐色、棕褐色和黑褐色。四肢粗壮有力，蹄子也较宽大。颌下和颈下则长着胡须状长垂毛。雄性和雌性都有粗大的角，基部至2/3处具宽厚的横棱，角尖光滑，从顶骨后边先弯曲向两侧，然后向后上方扭转，曲如弯弓，角尖向内。

栖息环境：栖息于针叶林和高山草甸带。

分布范围：分布于中国四川、陕西南部、甘肃东南部、云南西北部、西藏等地。国外分布于不丹、缅甸北部。

生活习性：群居，善于在山地林中行进和攀缘岩壁。以植物为食。

保护级别：国家一级重点保护野生动物；CITES附录Ⅱ物种。

5.4.9 蒙原羚（拉丁名：*Procapra gutturosa*）

外形特征：体长为100～150厘米，尾长5～12厘米，体重20～35千克。雄性的角较短而直，表面有明显而紧密的环形横棱。尾巴很短。体毛红棕色，腹面和四肢的内侧为白色，尾毛为棕色。臀部有白色的斑。四肢细长，前腿稍短，角质的蹄子窄而尖。

栖息环境：栖息于半沙漠地区的草原地带。

分布范围：分布于中国东北、华北、西北地区。国外分布于蒙古和俄罗斯西伯利亚南部等地。

生活习性：喜结群。善于跳跃和奔跑。以草、灌木等为食。

保护级别：原名黄羊，国家一级重点保护野生动

物；CITES附录Ⅱ物种。

5.4.10 藏原羚（拉丁名：*Procapra picticaudata*）

外形特征：体型矫健，尾甚短，四肢细，蹄狭小，侧蹄发达，侧扁形。吻较短宽，额部隆起，眼大而圆，耳短小。仅雄性具角，两角从头顶开始平行上升，再分开微向下弯，至角尖再呈弧形向内弯，角干密布环棱。颈、体背面深棕褐色；臀部有明显的白斑，臀斑周围锈棕色；腹部及四肢内侧白色或淡黄色；尾毛有黑色和锈棕色相混。

分布范围：分布于甘肃、青海、四川、西藏。

生活习性：一般多结小群在有水草的地方觅食，冬季寒冷时才集大群行动。视、听觉灵敏，嗅觉较差。

保护级别：国家二级重点保护野生动物。

5.4.11 梅花鹿（拉丁名：*Cervus nippon*）

外形特征：体长105～170厘米，体重115～150千克。雄鹿角干有4枝，偶分5枝。夏毛棕黄色，脊背两边各有一列白圆斑，体侧满布鲜明的白色斑；腹毛白色，尾背面白色。冬毛厚密，有绒毛，栗棕色；背中央有暗褐色纵纹，无白斑或斑点模糊；鼠鼷部白色，尾背面深棕色。

栖息环境：栖息于山区，较平缓的山坡，林木稀疏、间有灌丛和草坡的开阔山地。

分布范围：东北、华北、华东、华南各地。国外分布于朝鲜、日本、俄罗斯、越南等地。

生活习性：喜集群，多在晨昏活动，以青草、嫩芽、树叶、苔藓等为食。行动轻快、迅速，嗅觉和听觉灵敏。发情期公鹿间常争斗，且常奔跑鸣叫。

保护级别：国家一级重点保护野生动物。

5.4.12 白唇鹿（拉丁名：*Gervus albirostris*）

外形特征：体长100～210厘米，尾长10～15厘米，体重130～200千克。下唇白色，延续到喉上部和吻的两侧。颈长，臀部有淡黄色的斑块。冬季的体毛为暗褐色，带有淡栗色的小斑点；夏毛颜色较深，呈黄褐色，腹部为浅黄色。只有雄性有角，除

角干的下基部呈圆形外，其余均呈扁圆状。眉叉与主干呈直角、起点近于主干的基部。主干略微向后弯曲，第二叉与眉叉的距离大，第三叉最长，主干在第三叉上分为2个小枝，从角甚至角尖最长可达130～140厘米，两角之间的距离最宽的超过100厘米，分叉有8～9个，各枝几乎排列在同一个平面上，呈车轴状。

栖息环境：栖息于高山草甸、灌丛和森林地带。

分布范围：分布于中国甘肃、青海、四川、西藏等地。

生活习性：善于攀登裸岩峭壁。以草本植物和树木的嫩芽、叶、嫩枝等为食。

保护级别：国家一级重点保护野生动物。

5.4.13 麋鹿（拉丁名：*Elaphurus davidianus*）

外形特征：体长170～190厘米。雌鹿重100千克以上。雄性有角，无眉叉，角干离头一小段后分前后2支，前支再分2叉。老鹿的次级分叉较复杂，无规律，左右不对称。尾较长，末端有长丛毛。蹄扁平，宽阔，趾间有皮腱膜，适合湿地行走。冬毛灰棕色，有绒毛；腹毛及四肢内侧黄白色。夏毛红棕色，并杂有灰色。

分布范围：北京、江苏、湖北等。

生态习性：适合温暖湿润的沼泽地带。以禾本科植物、苔类以及其他多种嫩草、杂草和树叶。

保护级别：国家一级重点保护野生动物。

5.4.14 赤麂（拉丁名：*Muntiacus muntjak*）

外形特征：体长1米左右，体重可达20千克。雄鹿有角，单叉型，角柄伸长，角尖向后再向后再向内弯。脸部狭长，额部具明显的“V”形黑纹。体毛光滑细密，毛色以棕红为主，可因年龄和季节不同而变为深黄或黄褐色。下颌及咽部淡白色，胸腹部淡黄色至白色。鼠蹊部及尾腹面白色，下肢暗褐或黑色。

栖息环境：栖息于山地阔叶林和多灌丛的环境中。

分布范围：云南、四川、陕西、贵州、广西、湖南、湖北、海南、西藏东南部。国外分布于马来半岛、印度半岛、中南半岛等地。

生活习性：单独活动，有一定的领域，范围多为较大的山窝。采食各种植物的嫩枝叶，青草和落地的野果，也到农田采食农作物等。

保护级别：有重要生态、科学、社会价值的陆生野生动物。

5.4.15　狼（拉丁名：*Canis lupus*）

外形特征：体长100～230厘米，体重30～50千克。体色主要为黄灰色，背部杂以毛基为棕色、毛尖为黑色的毛，也间有黑褐色、黄色以及乳白色的杂毛，尾部黑色毛较多，腹部及四肢内侧长而强健，脚掌上具有膨大的肉垫。尾巴短而粗，毛较为蓬松。

栖息环境：栖息于草原、荒漠、丘陵、山地、森林以及冻土带等地带。

分布范围：分布于中国大部分地区。国外分布于

加拿大、美国、朝鲜、俄罗斯、印度和欧洲北部、东部等地为多。

生活习性：多夜间活动，机警多疑，行动敏捷。奔跑速度很快，耐力也很强。以狍、鹿、鱼、蟹、蜥蜴、松鼠、兔、海狸等动物和动物的尸体为食。

保护级别：国家二级重点保护野生动物；CITES附录II物种。

5.4.16　斑嘴鸭（拉丁名：*Anas zonorhyncha*）

外形特征：体大(约60厘米)的深褐色鸭。头色浅，顶及眼线色深，嘴黑而嘴端黄且于繁殖期黄色嘴端顶尖有一黑点为本种特征。喉及颊皮黄。亚种zonorhyncha有过颊的深色纹，体羽更黑。深色羽带浅色羽缘使全身体羽呈浓密扇贝形。翼镜在zonorhyncha亚种为金属蓝色，在haringtoni亚种为金属绿紫色，后缘多有白带。白色的三级飞羽停栖时有时可见，飞行时甚明显。两性同色，但雌鸟较黯

淡。虹膜一褐色；嘴一黑色而端黄；脚一珊瑚红。

分布状况：亚种zonorhyncha繁殖于中国东部，冬季迁至长江以南。亚种haringtoni 为留鸟，见于云南的南部及西南部、广东及香港。广泛分布，相当常见。

分布范围：中国大部分地区。国外分布于印度、缅甸、东北亚等。

生活习性：栖于湖泊、河流及沿海红树林和泻湖。

保护级别：有重要生态、科学、社会价值的陆生野生动物。

5.4.17 绿头鸭（拉丁名：*Anas platyrhynchos*）

外形特征：中等体型（约58厘米）。雄鸟头及颈深绿色带光泽，白色颈环使头与栗色胸隔开。雌鸟褐色斑驳，有深色的冠眼纹。较雌针尾鸭尾短而钝；较雌赤膀鸭体大且翼上图纹不同。

分布状态：繁殖于中国西北和东北。越冬于西藏西南及北纬40°以南的华中，华南广大地区，包括台湾。

生活习性：多见于湖泊、池塘及河口。

保护级别：有重要生态、科学、社会价值的陆生

野生动物。

5.4.18 鸿雁（拉丁名：*Anser cygnoid*）

外形特征：体大（约88厘米）而颈长的雁。黑且长的嘴与前额成一直线，一道狭窄白线环绕嘴基。上体灰褐但羽缘皮黄。前颈白，头顶及颈背红褐，前颈与后颈有一道明显界线。腿粉红，臀部近白，飞羽黑。与小白额雁及白额雁区别在于嘴为黑色，额及前颈白色较少。虹膜褐色；嘴黑色；脚深橘黄色。

分布状况：繁殖于中国东北，迁徙途经中国东部

至长江下游越冬，鲜见于东南沿海。漂鸟可达台湾。

分布范围：中国东北、中部、东部和台湾。国外分布于欧洲、非洲等地。

生活习性：成群栖于湖泊，并在附近的草地田野取食。

保护级别：国家二级重点保护野生动物。

5.4.19 华南兔（拉丁名：*Lepus sinensis*）

外形特征：体长约40厘米，耳较短，向前折不达鼻端，其长度不及后足长。尾长约为后足长的2/3。体背毛多为棕褐色，额部及头部的毛因具短的黑色毛尖，故毛色较显暗黑。体侧浅黄色，腹部和四肢内侧白色或稍染黄色。尾背面棕黄色，腹面淡黄色。

栖息环境：栖息环境较广泛，只要有灌木林和草丛可以藏身，附近又有食物就可以生存。

分布范围：广东、广西、江西、湖南、江苏、福建、贵州、浙江、安徽、台湾等地。国外分布于朝鲜。

生活习性：白天隐藏，入夜活动。无固定的洞穴，但活动范围不大。食物为各种野生杂草、幼苗、蔬菜、瓜果、豆类等。

保护级别：有重要生态、科学、社会价值的陆生野生动物。

5.4.20 雀鹰（拉丁名：*Accipiter nisus*）

外形特征：中等体型（雄鸟约32厘米，雌鸟约38厘米）而翼短的鹰。雄鸟：上体褐灰，白色的下体上多具棕色横斑，尾具横带。脸颊棕色为识别特征。雌鸟：体型较大，上体褐，下体白，胸、腹部及腿上具灰褐色横斑，无喉中线，脸颊棕色较少。亚成鸟与Accipiter属其他鹰类的亚成鸟区别在于胸部具褐色横斑而无纵纹。

分布状况：中国大部分地区。国外分布于欧亚大陆和非洲西北部。为常见森林鸟类。

分布范围：繁殖于古北界；候鸟迁至非洲、印度、东南亚。

生活习性：从栖处或“伏击”飞行中捕食，喜林

缘或开阔林区。

保护级别：国家二级重点保护野生动物、CITES附录Ⅰ物种。

5.4.21　花尾榛鸡（拉丁名：*Bonasa bonasia*）

外形特征：体型小（约36厘米），具明显冠羽，喉黑而带白色边。上体烟灰褐色，蠹斑密布。两翼杂黑褐色；肩羽及翼上覆羽羽缘白色成条带。尾羽近褐，外侧尾羽带黑色次端斑而端白。下体皮黄，羽中部位带棕色及黑色月牙形点斑。两胁具棕色鳞状斑。红色的肉质眉垂不明显。

分布状况：常见于中国东北海拔800～2100米的针叶林区及有森林覆盖的平原地区。亚种sibiricus分布于大兴安岭泰加林；亚种amurensis分布在小兴安岭、大兴安岭南端及黑龙江流域，南可达辽宁及河北东北部。另见于中国西北部的阿尔泰山脉。

分布范围：中国主要在东北和西北。国外分布于欧亚区北部、阿尔泰山北部至萨哈林岛。

生活习性：模仿其叫声能招引此鸟。多成对活动。雏鸟数日龄就能飞上树。喜近溪流的稠密桦树及桤木缠结处。

保护级别：国家二级重点保护野生动物。

5.4.22　鹧鸪（拉丁名：*Francolinus pintadeanus*）

外形特征：雄鸟，中等体型（约30厘米）。枕、上背、下体及两翼有醒目的白点，背和尾具白色横斑。头黑带栗色眉纹，一宽阔的白色条带由眼下至耳羽，颏及喉白色。雌鸟似雄鸟，但下体皮黄色带黑斑，上体多棕褐色。

分布状况：常见留鸟，见于云南西部及南部、贵州西南部、广西、海南、广东、福建、江西、浙江及安徽。

分布范围：中国南部。国外分布于东南亚及印度东北部。

生活习性：栖于低地至海拔1600米的干燥林地、草地及次生灌丛。

保护级别：有重要生态、科学、社会价值的陆生野生动物。

5.4.23　环颈雉（拉丁名：*Phasianus colchicus*）

外形特征：雄鸟体大（约85厘米）、头部具黑色光泽，有显眼的耳羽簇，宽大的眼周裸皮鲜红色。身体披金挂彩，满身点缀着发光羽毛，从墨绿色至铜色至金色；两翼灰色，尾长而尖，褐色并带黑色横纹。雌鸟形小（约60厘米）而色暗淡，周身密布浅褐色斑纹。被赶时迅速起飞，飞行快，声音大。中国有19个地域型亚种，体羽细部差别甚大。东部诸亚种下背及腰浅灰绿色。

分布范围：中国大部分地区。国外分布于中亚、西伯利亚东南部、乌苏里流域、朝鲜、日本及北部湾。

生活习性：雄鸟单独或成小群活动，雌鸟与其雏鸟偶尔与其他鸟合群。栖于不同高度的开阔林地、灌木丛、半荒漠及农耕地。

保护级别：有重要生态、科学、社会价值的陆生野生动物。

种、当地环境状况、气候条件、风土人情和各种禁忌等有关资料，特别要准备一份可靠的当地地图并要随身携带。

仔细研究地图的益处是，在没有见到那片土地之前就先有感性认识。如对天时地理有更多了解：河流的走向和流速，水的落差、速度以及有无险滩等；山有多高，坡度如何？有何种植被？树的种类与分布如何？温度如何，日夜温差多少？何时天亮，何时天黑？月亮何时阴晴圆缺？何时潮起潮落？风力风向如何？天气状况如何？这如同旅游前的攻略，越详细越充分越好，可以感受狩猎过程中各个环节的惊险刺激和所在地方的风俗习惯。还有，充分考虑各种将会面临的境地，以便准备相应的物资和装备。

6.1.4　做好狩猎的心理建设

调整好心理状态。心理状态越好，达成自己的计划就会越容易，也更能使自己的心情愉悦。相反，狩猎过程中急躁、急于求成往往会适得其反，失去最佳射击时机。

6.1.5　准备随身物品

如何装备自己决定着狩猎活动的成功与否。打背包时许多人最初总是觉得装得太多，特别是在狩猎过程中，艰难地背负巨大笨重且充斥着过剩物品的背包时更是如此，可是又却幻想若曾带上手电筒或者开瓶刀会有多好，所以物品的选择要合理，避免该带必带品没有，无用的东西成了累赘。合适的装备决定狩猎活动的效率。

6.1.6　团队研究计划

对于团队来讲，出行成员需要先互相熟知，出发前应讨论要达到的目标。要有专门人员负责以下事宜：医务、炊事、特殊装备（枪支弹药等）、车辆、驾驶以及向导等。每个成员都应熟悉各自的装备和任务。必须带足各类备用品。

制定整个行动计划书。过程可分为三个阶段：行动前准备期、行动执行期和恢复期，明确每一个阶段的任务和目标，同时列出进程表。另外，还需要有应付意外事件的准备，比如车辆抛锚、疾病流行和疏散伤亡人员等。

要估计大致进度，徒步跋涉时更需要充裕的时间安排。制定并通过行动路线后，应使非参与行动者或留守人员也有所了解。这样即使出了意外，还会得到及时的营救。

6.1.7　猎人与导猎员配合

导猎员的职责是在狩猎过程中负责狩猎安全，是狩猎方案制定和紧急事件处理的责任人。

猎人在狩猎活动出发前要听从导猎员对猎区情况、猎物习性、狩猎方式、射击安全、野外安全常识等指导。尤其是在狩猎过程中猎人要对导猎员的指导绝对服从，不可擅自作出危险动作。

6.2　狩猎方法

狩猎方法和狩猎工具是紧密相连的。使用枪猎猎捕野生动物最具有选择性、目的性、有效性，用猎枪既可以猎捕到飞禽类，也可以猎捕到大型的兽类。常见的枪猎法有以下几种。

6.2.1 蹲守式狩猎

蹲守式狩猎是在狩猎前选择好隐蔽的地点，并加以和环境一致的适当伪装，等待动物走近时加以猎捕的方法。因为许多猎物有比较固定的行动规律，定期使用专门的道路、觅食地、饮水点、沙浴场和盐窝等地点，采用这种狩猎方法的优势是猎人选择这些地点守候，可以坐等猎物自己上门，免去自己长途跋涉寻找、跟踪猎物的艰辛。同时，又因为猎人在隐蔽处等待着猎物接近自己最佳射击距离时，有着充分准备沉着扣动扳机，增加射击的命中率和准确率，可以起到事半功倍的效果。尤其是对于射击技术不佳的初次狩猎者、身体状况较弱的狩猎者更为适合。不过这种方法也有缺点，就是等待时比较枯燥无趣，有时可能需要较长时间。夏季时会有蚊虫叮咬、中暑等困难，冬季时又要有充分防寒准备。

▲ 在树上设立隐蔽点

形象地说，蹲守式狩猎是一种守株待兔式的狩猎方法，其基本的技巧有以下几种：

蹲守式狩猎前提是要充分掌握猎物的活动规律和活动的区域。没有严重的干扰和破坏的情况下，猎物一般不会轻易改变活动规律和活动区域。这是需要经过长时间的观察，才可以掌握的。

猎人也需要采取一些措施来隐蔽自己，防止警惕性很高的猎物察觉，如身穿狩猎服、修筑隐蔽所、利用高台通风去除身体的异味，尽量选择逆风的可视范围内，在猎物没有到来之前进入隐蔽处。

充分掌握目标猎物的习性，采取多种方法来引诱猎物前来，如食物诱饵、引诱剂、 模仿猎物的叫声、猎物模型和活体囮子。比如，水禽猎人经常会隐身在利用当地材料修建的隐蔽所里，同时在隐蔽所四周布置水禽模型，使水禽误认为已经有同伴在下面觅食，从而降低警惕性，放心地降落下来。在等待时要有充分的耐心和毅力，不能发出声响或者来回走动，更不能吸烟、打电话，要始终保持警惕性。

6.2.2 追踪式狩猎

追踪式狩猎是指猎人在猎区内巡行、搜索、发现并猎取猎物的狩猎方法。猎人要有隐蔽和伪装的技巧，对环境观察入微，反应敏捷、正确，具备强壮的体质，坚韧不拔的性格，准确的枪法，才能有满意的收获。追踪式狩猎有时使用猎犬来帮助发现猎物，或者乘坐马匹来提高机动能力。追踪式狩猎成功与否的关键，取决于猎人对猎区环境和猎物习性的了解。

▲ 跟着导猎员追踪猎物

追踪式狩猎毫无疑问是难度最大的狩猎方式。目标猎物的听力、嗅觉、视力、移动速度都给追踪式狩猎带来了挑战。猎人的一不小心就可能犯错导致狩猎失败。只有职业猎人才具备进行追踪式狩猎的条件。以下技巧可以增加追踪式狩猎的成功率。

第一，行进时要远离开阔地，利用地形条件尽可能的在树荫下、干燥河床以及自然形成的石墙形成的隐蔽环境寻找猎物。

第二，衣服和身体不能喷洒涂抹任何香水及有气味的化妆品，这样的味道不属于大自然，猎物一旦闻到这种气味就会逃走。有条件可以在狩猎服表面喷洒除味剂。

第三，在有风的天气追踪狩猎需要逆风追踪。

第四，除了荧光狩猎服之外，需要与周围环境颜色协调的狩猎服和帽子，任何闪亮的东西都将惊走猎物。

第五，猎区地图。不论是电子地图或者纸质地图都要充分了解猎区的猎物种类和地形。

第六，辨别噪音和减少噪音。人们在树林中行进时发生的噪音远远大于其他生存在这里的动物。尝试聆听和辨别其他动物在行进中的细微声响，然后主动减少自己在行进中制造噪音的因素。

第七，学会用“眼力”发现猎物。眼睛在狩猎中不仅要追踪和发现猎物，同样还要在寻找路径时派上大用场，眼力的利用效率决定猎人的行进速度。技巧是用余光观察近距离物体，将目光主要集中在周边较远的距离，这个技巧需要反复练习。

第八，狩猎时机的掌握是狩猎成功的重要条件。通常发现目标猎物后给予猎人开枪的时间仅为几秒钟，这几秒钟需要上膛、瞄准、射击。平时射击训练成果决定此时完成狩猎的程度。

第九，枪支口径决定射杀效率。大口径枪弹对于猎杀的效率是显而易见的，追踪狩猎通常的距离在100米之内。因此，对射击精度的要求是十分高的。

6.2.3 驱赶式狩猎

驱赶式狩猎是由猎人把猎物驱赶向预先设定的位置，由埋伏在那里的猎人用枪支猎取。在地形复杂、植被茂密的地形条件下猎捕大、中型猎物，特别是危险猎物时，由于猎人行动困难，视野非常狭窄，危险性大，只能采用驱赶式狩猎的方法，把猎物驱赶到较为平坦开阔的位置，让事先埋伏好的猎人方便、安全地射击。驱赶式狩猎可以把一个较大地区里的猎物集中到一处，猎人一次猎取的猎物种类和数量都很可观，使狩猎效率和娱乐性大大增加。清朝皇帝的木兰秋狝就是典型的驱赶式狩猎，又称围猎。狩猎时会使用上千的兵丁排成人墙，把10～20平方千米内的猎物集中起来，供皇帝和随从猎取。与追踪式狩猎相比较，驱赶式狩猎中的猎人十分轻松，本来由猎人承担的寻找、跟踪和追击猎物的职责都交给了赶猎的人，猎人只承担最后一步也是最刺激的工作——扣动扳机射击，享受最刺激的一刻。在狩猎环颈雉、野兔等小型猎物时，常常采取一种简化版的围猎方法，即数个猎人排成一排，慢慢向前移动，射击轰赶起来的猎物。每个猎人只能射击自己前方的猎物，不得横向射击，也不得向后射击。这是一个有多人组成的狩猎项目，狩猎团队被分成两组，通过团队配合实现狩猎目的。其技巧是：

▲ 清《木兰秋狝图》中的合围场面

第一组人员被安置在猎区边缘一侧平行向猎区对面一侧行进，这样做的目的是驱赶猎物向前方逃走。

第二组猎人被安置在狩猎动物行进的区域，射击方向要求与第一组人员行进方向一致，禁止逆向射击导致人员伤亡事故。第二组射击人员要求严格划分好各自的安全射击区。

6.2.4 犬猎

犬猎法是猎人利用猎犬捕捉猎物，多数情况下猎犬只是寻找和控制猎物，不使它迅速逃走，给猎人制造追赶和有利的射击机会。对于小型猎物，猎犬也可以直接捕获。因此，犬猎法可以分为猎犬直接猎捕法和利用猎犬寻找枪猎法。

（1）猎犬直接猎捕法

这种猎法能猎捕中小兽类，猎人带领1～2只猎犬，到猎物经常出没的地区进行寻找。一般猎人均牵着猎犬一起寻找，发现猎物或猎物的新鲜足迹后，立刻放开猎犬，这样寻找可以减少猎犬的体力消耗，有利于追逐和捕捉。在寻找过程中，猎人应该积极帮助猎犬寻找，发现猎物后，指示猎犬去追赶，同时发出喊声，刺激猎犬追赶的兴奋性。当猎犬开始追赶后，就不要再大声喊叫，以免妨碍猎犬

▲ 猎犬叼着雉鸡回来

的追赶。猎犬追赶时，猎人还应该占据有利地形，观察动物逃跑的方向。如能判断动物逃向哪里，可以预先到该处阻截。发现附近有洞穴时，应加以堵塞或看守，不让动物逃到洞内。寻找时，也有先放出1只猎犬，待发现动物后，再放出另1只猎犬。当然也有将猎犬都放出去寻找的，但效果不如前两种方法好。一般情况下不提倡使用此方法狩猎。

▲ 猎犬将野猪围住

（2）利用猎犬寻找枪猎法

猎人带着猎犬捕捉猎物时，猎犬的主要任务是寻找和追寻猎物，并把猎物的位置指示给猎人，使猎人能有准备地进行射击。当射击的猎物仍能奔逃时，猎人不易捕获，猎犬能帮助猎人很快地追赶和捕获受伤的猎物，如击落的野鸭掉到水中时，猎犬能跳到水中将猎物叼回。

携带追逐犬猎捕猎物时，猎犬能把猎物惊起，并大声叫着去追逐猎物，猎人根据猎犬追逐时发出的叫声，隐蔽在猎物逃走的路旁进行阻截和射杀。猎犬追逐猎物的时间越长，追得越紧，猎物越无暇四顾，这样的猎犬能给猎人创造多次的射击机会，直到射杀为止。携带猎犬行猎时，猎人还应该了解猎物在猎犬前面多远距离和逃跑的速度，以便适时进行射击。携带两只猎犬进行狩猎时，需要训练两只猎犬能够互相配合追赶，1只在后面追赶，另1只能巧妙的进行阻截，不能都跟在野兽后面追赶，更不应该互相妨碍。

利用狙击犬寻找、牵制和攻击猎物进行枪猎，是猎人猎捕大型动物最常采用的狩猎方法。猎人牵着1～2只狙击犬进入森林，寻找足迹或直接发现猎物，适时放开猎犬，使它们追赶和控制猎物，待猎人赶到后，根据猎人命令，猎犬能暂时躲开，使猎人有射击机会。如果这次未能射杀，猎犬仍然能继续围攻撕咬，使猎人有第二次射击的机会。

猎犬是狩猎过程中的伙伴，应当被视作猎人予以保护和尊重。

▲ 猎犬围攻水鹿

● 在狩猎之前需要将犬绳解下。

● 猎犬项圈是识别猎犬身份和主人信息的标识，须时刻佩戴。

● 猎犬在狩猎时须穿着荧光马甲来充分保护其狩猎过程的安全。

● 天气寒冷多雨的季节做好猎犬的保暖和身体干燥。

● 时刻注意枪口不可在猎犬行进的方向，防止误伤事故。

● 猎犬受伤时尽快将其带到专业兽医处给予充分治疗。

● 给猎犬提供清洁饮水，防止中暑和体温过热。

6.2.5　羽猎

羽猎是利用猛禽捕食的天性，通过训练后，使它们按照猎人的指令来捕捉猎物的方法。羽猎中使用的猛禽称为猎禽。通俗地讲，羽猎就是我们常说的“放鹰抓兔子”。随着人类生活水平的提高，休闲时间增加，开始有更多的人从事羽猎。利用猛禽捕食猎物的这种天然习性，用来猎捕一些鸟和其他个体相对较小的野生动物。

羽猎使用的猛禽有两大类，一类是隼，一类是鹰。这两类猛禽的习性不同，羽猎的方法也有相当大的差异。

羽猎在过去和现在都是花费昂贵的活动，不光是捕捉猛禽不容易，日常的食物、羽猎工具、猛禽圈舍、头套和铃铛都需要量身定做。训练猎禽是很不容易的，不同种类的猛禽需要不同的技术和程序。隼类和鹰类的羽猎方法是完全不同的。

（1）盘猎

隼类的羽猎方法叫盘猎。猎人先把隼放出去，让它飞上一定的高度，占领制高点，在上空盘旋，俗称“打桩”。隼居高临下，不仅视野开阔，而且在俯冲时有足够的加速距离，达到必要的速度。然后猎人或猎犬在地面把猎物轰赶起来，隼发现目标后，将双翅收拢，高速向猎物俯冲，在接近猎物的时候，以锐利的嘴咬穿猎物后枕部的要害部位，并同时用后趾击打，使猎物受伤而失去飞翔能力。待猎物下坠时，再快速向猎物冲去，用利爪抓住猎物，或者把较大的猎物击落到地面。隼在俯冲的时候速度非常快，最快的游隼可以达到389千米/小时。由于速度快，尽管隼的个体比较小，但仍然可以把体重超过它很多倍的猎物撞落到地面。一旦落到了地面，隼的个体和力量往往不足以制服猎物，这时猎人或猎犬要尽快上前把猎物控制住，免得隼受伤。使用隼类狩猎时必须在相对空旷的草原、荒漠等区域，猎物多为在空中飞翔的鸟类。可以想象以如此高的速度袭击地面上的野生动物会是多么危险。

盘猎最吸引人的就是隼类在大片开阔地带的空中撞击猎物的场面。隼类都很娇贵，需要有专人训练和饲养。

（2）拳猎

鹰类的羽猎方法叫拳猎，和隼狩猎方式完全不一样。宽翅类启动速度快，飞行灵活，个体比较大，主要在靠近地面的区域捕猎。

发现猎物后，猎人摘掉鹰的眼罩，把鹰放出去，如果是小型鹰，猎人会用手把鹰掷出去，来增加它的初速度。我们都知道鹰雕起飞时的速度比较慢，投掷出去可以增加它的启动速度，这就是常说的“不见兔子不撒鹰”的出处。鹰通过它灵巧的飞行技巧和力量制伏猎物，并把猎物揿在地面上，等候猎人或者猎犬的帮助。鹰雕类都是在低空或者地面上捕获猎物，飞行灵活，可以在林间自如地穿行，追逐猎物，无论是空旷地和林中都可以使用，不过实际的狩猎场面基本是看不到的，因此欣赏价值远远比不上盘猎。

从中世纪以来，金雕就是著名的猎禽。它个体大，两只翅膀展开，宽度能超过2米，体重3～7千克。依靠敏捷的身手、速度，特别是强壮的鹰爪，能攫取地面上的猎物，携带到空中。它可以捕食大型的鸟类和兽类，包括黄羊、鹿、狍子、狐狸和狼。

金雕的寿命可以超过50岁。一只驯化的金雕可以使用很多年，与猎人建立起合作的关系。

金雕不如其他的猛禽那么流行。因为它们主要是捕捉地面的大型猎物，需要大片的面积，大型猎物数量少，个体庞大，训练和饲养都更困难。我国西北特别是新疆的少数民族有驯化金雕用来狩猎的传统。

苍鹰上体带灰褐色，胸部有较密的暗灰色横斑。眼上方有白色眉纹。苍鹰属于中型猛禽，体长50厘米左右，翼展1～1.5米，体重将近1.5千克。可以捕捉小型和中型鸟兽，如野鸡、兔子。苍鹰在森林边缘生活，栖息在树上或巡行中发现猎物、追逐猎物，在地面捕获猎物。

雀鹰俗称“鹞子”，下体全白，杂以赤褐色和暗褐色横斑。用来捕捉小型鸟类。

羽猎的管理。目前，国内仍然存在着一个不小的喜欢和从事羽猎的群体，而且使用猎禽进行狩猎的也不少见。但是现在进行的羽猎是存在法律障碍的，金雕是国家一级重点保护野生动物，其他的猛禽至少都是国家二级重点保护野生动物。因此，要饲养猎禽，首先要获得驯养繁殖许可证。目前，是否对个人饲养猎禽放开，对饲养条件有什么样的要求，国家还没有出台相关的规定。另外，使用猎禽狩猎如何办理狩猎证等方面还不明确。

6.2.6 笼捕

笼捕，也称活捕，可有效捕获哺乳动物达到进行野生动物种群调控的目的。笼子可以捕捉的动物小到老鼠大到大象，尺寸也是根据目标动物的大小而制作。笼捕的优点是可以活体捕捉野生动物、不伤害人或其他非目标动物，缺点则是捕捉野生动物的难度大，时间长、成本高。枪猎是猎捕人员主动寻找调控物种进行猎捕；笼捕、围栏捕则是等待调控物种自己进入笼子或者围栏里进行猎捕。

（1）笼子类型

笼子的类型主要是根据所猎捕的物种种类来确定，通常都是用于捕捉兽类。第一种是可以运输的、普通的单门笼子，用6～8厘米的钢管焊成，每个笼子可容纳1头或者2～3头兽类，具体大小根据捕捉种类确定。饵料投放在笼子里面一端，笼子门与饵料相连，进入笼子的兽类取食饵料时笼子门远程控制自动落下而将进入笼内的兽类关住，由猎捕人员捕获。实践中也可以使用重力门或者弹簧门笼子。重力门笼子，笼子门和笼内弹射板相连，当兽类进入笼内致使弹射板弹起时，门因重力而落下。重力门笼子往往更便宜，并可以轻松释放非目标动物。弹簧门笼子则是在弹簧的帮助下使笼子门关闭，弹簧门笼子需要手动压下弹簧才能打开门，弹簧门可以减少被捕野生动物逃生的机会。还有一种电动、远程遥控的下落式笼子。笼子分为地面笼子和空中笼子。地面上装置圆形20～30米直径的钢管笼子（上面不封闭），笼子上方空中吊装一个比地面笼子直径大20厘米的钢管笼子，兽类进入地面笼子后，将空中笼子落下而将兽类捕获。

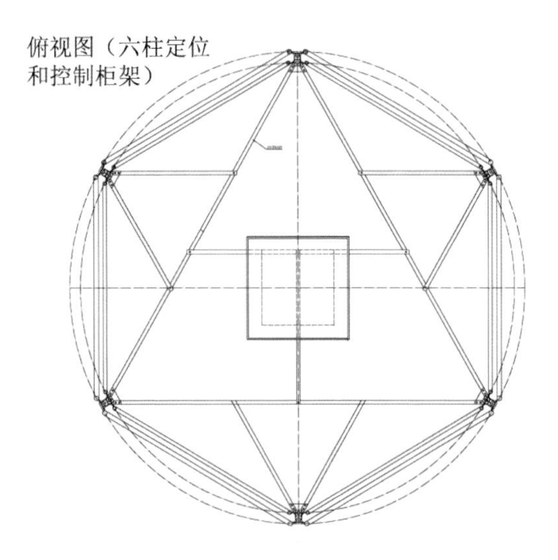

▲ 野猪捕捉笼设计图（俯视图）

无论是哪种笼子，都应该有人为控制的开关，否

▲ 自动化捕猎笼

则属于非人为控制的猎捕工具，是法律规定禁止使用的猎捕工具。

（2）注意事项

①设置位置

选择笼子设置位置时应尽可能靠近目标物种的巢穴或兽径，确保地表坚硬，并在笼子下面放置胶合板或其他保护材料，以防止动物在试图挖地洞逃逸时爪部受伤。同时为避免捕获动物过度受冷或受热，夏季应将笼子放置在阴凉处，冬季则应放置在远离风、雪和低温的位置。设置完成后，要经常检查笼内设施以尽量减少对捕获动物的伤害。每日至少在早晨和黄昏时刻进行两次检查。

②诱饵

笼捕通常利用动物的嗅觉设置诱饵。设置诱饵时应设法让食物或诱饵的气味有机会散播到空气中。

③人员安全和疫病防控

操作和处理笼子的全程须佩戴防护工作手套，以避免受伤及可能粘附在笼子上的受污染材料的侵害；不要用身体接触被困动物或被困动物的体液，包括唾液，防止感染狂犬病等人畜共患疾病；同时，处理或运输野生动物的人员也应做好防护工作；出于安全原因和避免将疾病传播到新的区域，在未做好防护工作的情况下不要运输生病的动物。

6.2.7 围栏捕

选择适合的地点，用木质或者钢管类材料做成围栏，围栏的高低根据兽类种类确定，以不能跳出为标准。围栏面积根据兽类种类确定，一般不小于0.5公顷，里面投放饵料，待兽类进入后，围栏门可由猎捕人员关闭，也可装置遥控设备，远程关闭围栏门。

相关注意事项与笼捕相似。

6.3 猎人技能

6.3.1 野生动物致死射击部位

野生动物具有顽强的生命力。如果猎人不能一枪毙命，受伤的猎物会跑出很远的距离，很难寻回。很多受伤逃逸的猎物会面临死亡的命运，这不仅会让猎物在死亡前遭受很大的痛苦，从资源利用来说也是极大的浪费。在狩猎时，必须射击猎物的致死部位，才能保证一枪毙命。对小型鸟兽来说，致死部位是头颈部，尤其是水禽等鸟类的体表覆盖着一层羽毛，起着一定程度的保护作用，射击躯干部位不容易致死。对大中型兽类来说，它们的头多呈圆锥形，正面的截面积比较小，而且被颅骨完全包裹，不容易射穿。因此，它们的致死部位不是头部，而是肩胛后方。这个部位面积大，没有骨骼

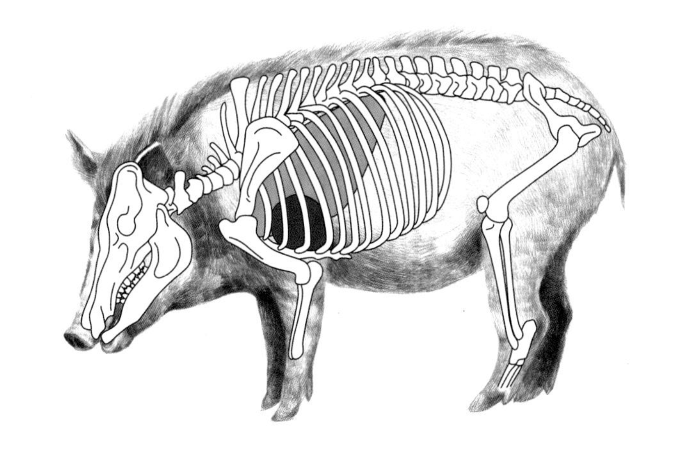

▲ 野猪心肺区示意图

▲ 大羚羊心肺区示意图

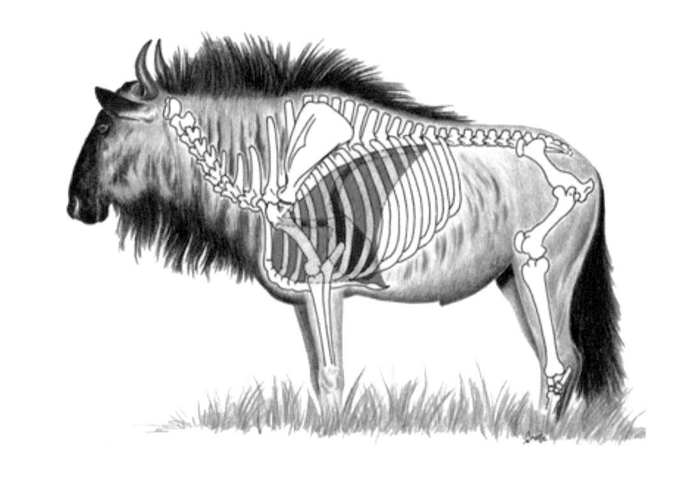

▲ 角马心肺区示意图

▲ 貂羚心肺区示意图

▲ 白脸狷羚心肺区示意图

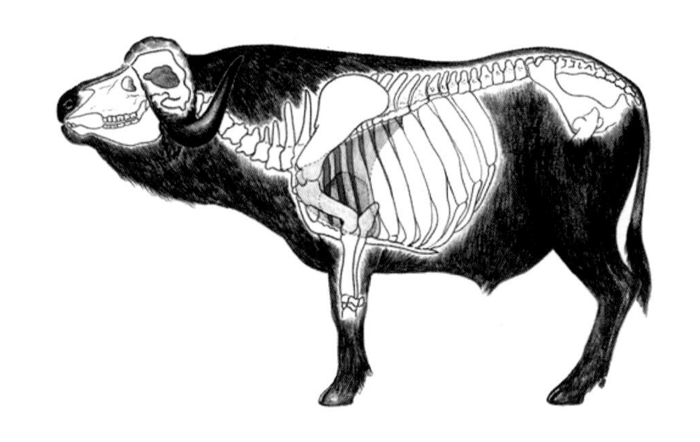

▲ 野牛心肺区示意图

▲ 鳄鱼心肺区示意图

保护，是动物的心肺等关键器官所在部位。即使弹头有点偏失，往上是脊椎，往前是肩胛骨和前臂骨骼，中枪后即使猎物不会立即死亡，也会立即失去运动能力，让猎人从容跟踪搜寻。

6.3.2 逃逸猎物追迹

向猎物射击后，如果猎物没有倒地，而是一溜烟地跑掉了，说明猎物没有当即死亡。这时要立即记住射击时猎物所在的位置、猎物逃跑的方向和最后消失的地方，最好是利用树木、岩石或其他地标作为参照物来标志位置。来到射击时猎物所在位置后，要仔细寻找血迹、毛发和骨屑等猎物受伤的证据，同时回忆枪响后猎物的行为，逃跑的动作是否正常，以确定猎物是否受伤后逃逸。如果没有确凿的证据显示猎物是否受伤，都要假定击中了猎物，需要采取一切措施，搜寻带伤逃逸的猎物，以减轻猎物遭受的痛苦，避免资源浪费。正常情况下，猎物受伤后不会跑得太远，而是会就近寻找一个安静、安全的地点躲避起来休息养伤，在这个过程中会因过量失血而变得虚弱不堪，行动困难，甚至死亡。如果有人惊扰，即使是受了致命伤的猎物也可能在短时间内跑出很远，增加追踪的难度。发现猎物受伤，要等候30分钟后再开始搜寻猎物。跟踪的速度不能快，要慢慢行走，仔细地寻找猎物留下的足迹和血迹。在发现血迹后，要在该位置上用彩带标记出来，可以在远处就能看见。尽量走在猎物血迹的边上，避免破坏猎物的活动踪迹，必要时可以回头重新搜索。不要轻易放弃，要尽最大的努力寻找，在无法找到新的血迹时，要以最后发现的血迹为中心，绕圈寻找，不断扩大搜索半径。鹿类经常掉头往回跑，就可能会在完全想不到的地方发现血迹。食腐动物、喜鹊、乌鸦和秃鹫会很快发现并聚集在动物尸体附近，它们密集活动的地方往往就是猎物倒地的场所。发现倒地的猎物后，不要想当然地认为猎物已经死亡，轻率地上前检查。要从猎物的后方小心接近，先用一根树枝捅一捅猎物。如果猎物没有反应，再用树枝轻轻地触动猎物的眼睛。如果猎物不再眨眼睛，说明猎物已经死亡。

准确射击是快速、高效的猎获目标猎物的关键因素。相信没有一个猎人愿意看到目标猎物受伤后逃走而丢失猎物。每一位猎人都有责任通过平时的射击练习掌握精确射击的技巧。

射击之前如果不能确定心肺区的瞄准位置不要扣动扳机。

通常受伤逃走的猎物会藏在某个隐蔽的树下或者掩体之下。如果射击击中的位置不理想可能要耗费猎人几个小时才能找到。但这是责任，不可以随便轻易放弃。

射击位置在心肺区的猎物通常会在几分钟之内倒下，追踪时通过血迹、脚印、毛发、断裂的树枝等可以找到目标猎物最终的位置。接近倒下猎物时需要从尾部接近。如果此时猎物起身攻击可以留出足够时间补枪和减少被攻击的危险。

6.3.3 猎获物的野外处理

狩猎让人兴奋的地方，不外乎是刺激的追踪过程和猎到猎物的成就感。那么问题来了，面对猎物应该怎么处理？毕竟是自己的劳动成果，弃之不理绝对不行，应该按当地法规要求处理猎物，尽可能不浪费猎物的每一部分资源。

猎物的用途通常主要有两种，即制作标本和食用。根据不同的用途，需要采取不同的野外处理方法。

（1）猎物标本制作

在狩猎活动中，获取猎物后将猎物根据猎物自身情况及其个人需求制作成标本是很多猎人的目的。标本制作要根据大中型兽类、小型兽类和鸟类采取不同的野外处理办法。

大中型兽类：因为躯体比较大，需要剥皮，猎人要根据计划制作的标本类型，用不同的方式剥皮，保留特定部位的皮张。

鸟类和小型兽类：对计划制作标本的鸟类和小型兽类，不要野外处理，只需用棉花或手纸把猎物的口鼻、肛门和伤口堵住，防止血液和污物流出，污染毛皮和羽毛，也可以用纸或布袋把猎物包裹起来，防止损伤毛皮或羽毛。

动物标本大致可分别以下五大类：皮毛标本、整体生态标本、骨骼标本、头肩标本、局部标本。

①皮毛标本

顾名思义，所谓皮毛标本就是利用猎物剥落下来完整的皮毛采取物理或化学手段，对动物整体或部分进行制作处理。通常的动物标本制作方法有浸制和剥制两大类，但作为猎物而言，通常的猎物基本上是脊椎动物，所以运用剥制方法比较常见。

具体操作如下：

第一步，将已经从猎物尸体上剥落下来的皮张进行清水冲洗，尤其是尽可能地把沾染上的血渍冲洗掉。

第二步，准备浸泡皮张所用的必要化学药品，主要有：三氧化二砷（As_2O_3）、硫酸铝钾［$K_2SO_4 \cdot Al_2(SO_4)_3 \cdot 24H_2O$］、樟脑（$C_{10}H_{16}O$）、硼酸（$H_3BO_3$）和苯酚（$C_6H_5OH$）等。

第三步，配制药品，具体配制比例根据猎物实际情况而定。

第四步，浸泡完毕进行烘干。

第五步，如皮张标本涉及立体头部，还需要准备相应的工具及其材料。

第六步，修复及其美化皮张，一般用于制作皮毛标本的猎物均以表皮没有明显伤痕为宜，但譬如弹

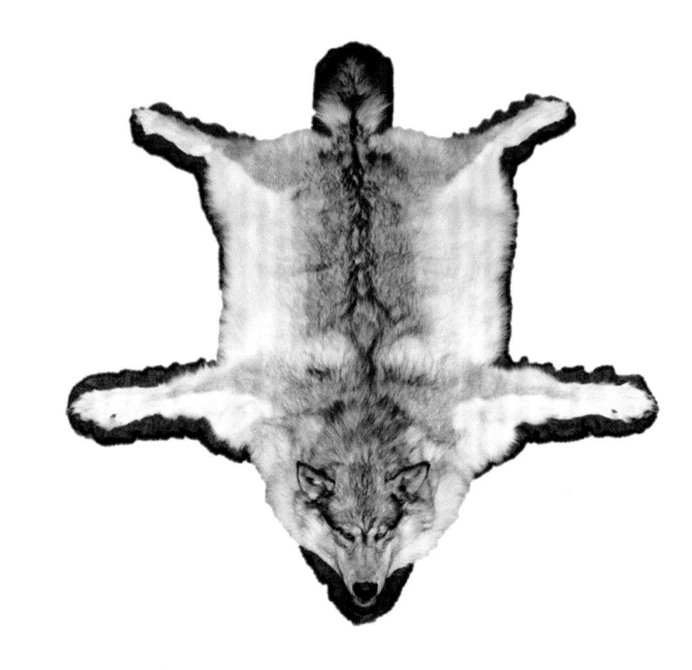

▲ 北极狼毛皮标本

孔或者小的划伤还是需要在制作过程中进行修复美化的。

第七步，在以上步骤全部完成后将皮张放置通风处进行通风处理，以便去除异味。

②整体生态标本

整体生态标本是在标本制作中工艺要求最高的。以非洲狮为例，一头被猎到的非洲狮，在确认外观没有明显瑕疵的前提下，要将其制作成它生前栩栩如生的样子，不光要考虑它生前的实际体型还要将面部以及身体动态中的肌肉感完美的展现出来。这就要求标本设计师有着非常高超的技艺。简单来

▲ 非洲狮整体生态标本

说，分为以下几个步骤：剥皮处理（与皮毛标本制作大致相同）、1∶1进行骨架倒模、皮毛缝合、细节修饰。具体操作就不一一介绍了。

③骨骼标本

骨骼标本的制作遵循野性原则。以水牛头骨为例，在解刨被猎到的水牛尸体时，一定要保证水牛骨骼的完整性，将骨头上的筋肉尽可能的处理干净，然后用化学药品进行深度处理，处理完后再根

▲ 水牛头骨标本

▲ 貂羚头肩标本

据生前真实状态进行拼装。形态根据个人需求可做相应调整，如需在骨骼上着色或雕图，可在拼装前完成，骨骼标本根据个人需求有着它独特的多样性。

④头肩标本

头肩标本是我们平时最常见的标本形态。一般是取猎物的脖颈至头干的部分作为标本。以非洲旋角羚为例，非洲旋角羚有着完美的犄角。所以我们取其脖颈至头的部分作为标本。具体操作与整体生态标本无异，同样头肩标本的面部形态和头颈扭转状态也可根据个人需求在制作时进行调整。

⑤局部标本

局部标本是利用猎物的组成部分制作的标本或者工艺品。例如，利用鸵鸟蛋壳及其羚羊角做成工艺品摆件或者灯具，利用羚羊角和斑马皮做成靠背椅等。制作的方法参见上述制作工艺。

猎物可谓全身是宝，需要以实用和艺术的眼光进行合理的利用，让其能够体现出最大的价值，真正做到尊重生命，生态延续。

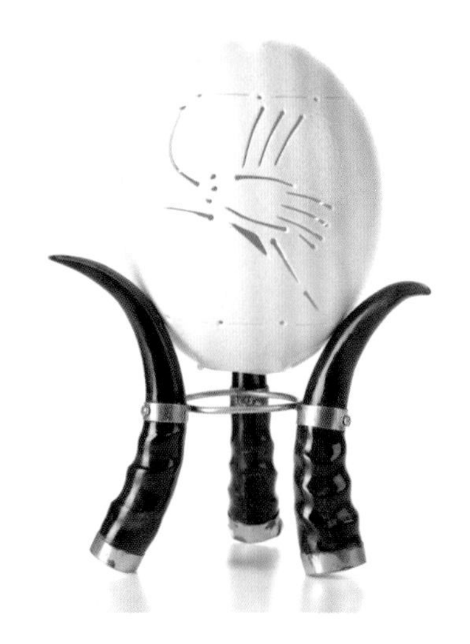

▲ 鸵鸟蛋及羚羊角艺术品

▲ 猎人猎获大型棕熊

（2）食用

野味在很多猎人心目中是美味佳肴。即使猎人自己不食用猎物，也不能随意丢弃浪费，而是要通过其他的渠道物尽其用。造成肉类腐败的最主要的原因是温度，计划食用的猎物的主要处理方法是降温。如果在野外时间不长，当天可以返回，可以不在野外进行处理，但要注意通风散热，不能在阳光下暴晒，不能堆积在一起，不能用塑料袋包裹。如果确实需要在野外处理猎物，通常只需取出猎物的内脏。因为内脏特别是肠胃里面的微生物很多，容易发酵腐败，而且取出内脏时要切开腹腔，利于散热。在野外一般不需要剥皮，保留皮张能起到保护作用，防止猎物驱体受到杂质污染。

在处理中型猎物时，如果是体型不是很大的兽类，可以整只拖回去再肢解。如果过大的动物且对皮毛没有太多要求的话，可以就地肢解再运回，但是最好都在12小时内，将取得的肉置入冷藏环境。肉要贮存，放血的步骤是必需的。具体做法是：将猎物头朝下悬挂，尽量在猎物体内血液凝固前将血尽可能的放干净——用绳绑住猎物腿部肘关节（注意不是踝部，这样易滑落），吊在树丫或自己构建的支架上，地面上放置容器以便收集血液。然后割开猎物颈部的主静脉或颈动脉，悬挂着的猎物颈静脉与颈动脉都很明显，易于找到。切口位于耳后根部，同时要刺断颈两侧的颈静脉。也可开口更低一些，在主动脉弓分支前割开，形成“V”字形切口。如果没有匕首之类的刀，选择后一种方式较好。还可将颈部及喉咙断开，但这样做可能会同时割断食道，使得胃部食物倒出来，污染收集的血液。其次是剥皮。如果需要保存皮毛的话，需要整张剥下，之后尽量保持平整展开，并于48小时内做制皮处理。在动物体温尚未降下来之前，剥皮还是很容易的，放完血后即可进行。首先要除去可能会腐败肉类的味腺。有些鹿类在后腿膝关节稍下部位有味腺。猫科和犬属动物有肛门腺。同样原因，除去雄性动物的睾丸也是明智之举。在紧贴皮下部位开口小心剥皮，关键步骤如下：第一，后腿膝关节上部沿环线切开皮肤，留意不要切断了绑绳。第二，在前腿相应位置也切开环线。第三，沿后腿内侧向下切开，至两腿分叉处，小心沿生殖器周围切一环线。第四，沿腹中线向下切开至颈部。留意刀锋不要伸入过多，以免切破胃部或其他内脏器官——用手扒开皮肤，插入两指，刀尖紧贴两指，刀刃朝外，缓缓向下切开皮肤。第五，切开前腿内侧的皮肤。这种方法可以避免刀尖过度内送，切中内脏。尽量不要破坏内脏，否则那将是一个十分恶心的烂摊子，甚至污染到其他部位的肉类。手指挑起皮肤，刀刃朝外，缓缓滑动，沿腹中线向下切，直至颈部。同时如果有需要可以保存脂肪，油脂的包裹可以减缓肉类的变质。整个过程中尽量避免操作中出现的血液及其他水分的浸入。

一般中大型猎物的皮毛有着较高的工艺衍生价值，多数猎人也会把来之不易的猎物皮张剥掉后做成皮毯子或者标本，所以以上对于猎物的剥皮处理只是第一时间的简单操作，如需做成相应的工艺收藏品还要将剥落的皮毛送到专业的皮毛标本工厂进行诸多环节的处理加工。

接下来就是剔骨。猎物的骨骼也经常会作为狩猎工艺品出现在市面上，这就对剔骨有着较高的要求。一般也是进行简单处理后，交给专业的标本工艺品工厂进行深度加工后成为骨类工艺标本。

如果是大型猎物，例如，河马等。对于此类庞然大物，猎人在狩猎完毕后确认其死亡状态，需尽可能快的安排大型货车进行运输作业。所有对于猎物的处理需将猎物转运至相对安全的区域交给专业人员进行处理。一般时间不要超过3小时为宜。具体的操作与中型猎物大致相同，但是值得注意的是在处理大型措物时定要有充足的人手并合理安排时间，尽量缩短处理时间。

根据《野生动物保护法》第三十一条第一款的规定，禁止食用国家重点保护野生动物和国家保护的有重要生态、科学、社会价值的陆生野生动物以及其他陆生野生动物。禁止以食用为目的猎捕前述野生动物。《野生动物保护法》第五十条同时规定，违反野生动物保护管理规定，以食用为目的猎捕国家重点保护野生动物或者有重要生态、科学、社会价值的陆生野生动物以及在野外环境自然生长繁殖的其他陆生野生动物的，依法给予行政处罚，构成犯罪的，依法追究刑事责任。因此，依法猎捕的陆生野生动物禁止食用，但可以作为动物园饲养的食肉动物的食物或者依法做无害化处理，避免造成疫病的传播。

（3）猎物处理注意事项

需要提醒的是很多野生动物都携带外寄生虫，如跳蚤、蜱等，有些还携带病毒，如狂犬病、鼠疫等。猎人在野外处理猎物时要注意自我保护，不要让猎物体表寄生虫爬到自己身上。如果手上有伤口，要戴上橡胶或乳胶手套，防止有害病菌接触到伤口，尽量不去切割内脏和脊髓等。因为猎物处理的场面比较血腥，非猎人往往无法接受，在选择处理地点时，要注意隐蔽，避开非猎人的视线。另外，处理完成后，要妥善处理遗弃物，如毛皮、血迹、内脏、头足和带血迹的纸张。

剥皮、切肉、分装、辨别病体、抛弃物处理是狩猎结束后的专业工作。特别是在夏季猎获物需要在狩猎成功后30分钟内处理防止腐烂。避免污染环境及水源。禁止在水源地处理猎物尸体。禁止在水中狩猎大型猎物。禁止抛弃废物造成环境污染。

猎人应该是最积极的野生动物和生态保护者，优越的生态环境是野生动物栖息和繁衍的家园，也正是狩猎运动需要的。

作为一个猎人，应该时刻告诉自己，有所需而有所取。比如打一头鹿，可以做成头肩标本，皮可以拿去做成毯子，鹿角可以动手做成小工艺品，若有余料还可以磨成粉拿去擦拭漆具——自己打的猎物，应该消化处理的干干净净，让这个生命死得其所。狩猎地对猎物处理有特别规定的，应当遵守。

6.3.4 猎物的运输

野外搬运猎物时，不能在地上拖行，防止损伤毛皮和羽毛。这是切记的要点。

运输猎物时，应当持有特许猎捕证或者狩猎证等合法凭证，并依法接受野生动物保护主管部门的核验检查。

实践中还有一种特殊情况，即猎人是外国人经依法批准在我国境内合法狩猎的，其最终目的就是如何把自己千辛万苦猎到的猎物做成标本或者工艺品后（皮张、标本、皮毛制品）运回国内。

首先我们要将猎物的物种进行两大类划分：非濒危物种和濒危物种。

非濒危物种。例如，野猪等，此类不在《濒危野生动植物种国际贸易公约》附录和《国家重点保护野生动物名录》中的物种。首先要取得我国野生动物保护主管部门的证明文件及其检验检疫主管部门的检验检疫证明文件后，再将材料一并递交到我国濒危物种进出口管理机构进行审批。取得审批后方可进行具体运输并依法出口到目的地国家。

濒危物种。例如，盘羊、岩羊等，此类在《濒危野生动植物种国际贸易公约》附录或《国家重点保护野生动物名录》中的物种。须在取得我国野生动物保护主管部门的证明文件及其检验检疫主管部门的检验检疫证明文件后，再将材料一并递交到我国濒危物种进出口管理机关进行审批，在取得我国濒危物种进出口管理机构核发的允许出口证明书后向海关申报出口并经批准后方可进行具体运输作业依法出口到目的地国家。

▲ 海关检验入关的野生动物标本

在进行具体运输过程中，会根据运输路途长短及其猎物工艺品体积及其时效要求分别采取陆运、海运或空运的方式。陆运和海运的优点是运输成本相对低廉，但时效较慢。空运最大的优势就是时效有保障，相应的运输成本偏高。在猎物工艺品到达运输终点后（即国内对应终点的海关口岸），依照国内出口货物操作规程进行申报清关，清关放行后，运输作业结束。

总结起来，对于猎物的处理方法无外乎在于猎物的两部分价值体现。第一就是对于猎物皮毛及其骨骼的衍生工艺品价值。第二就是对猎物肉质的利用价值。我们在处理猎物的时候，遵循使其这两部分价值最大化即可。

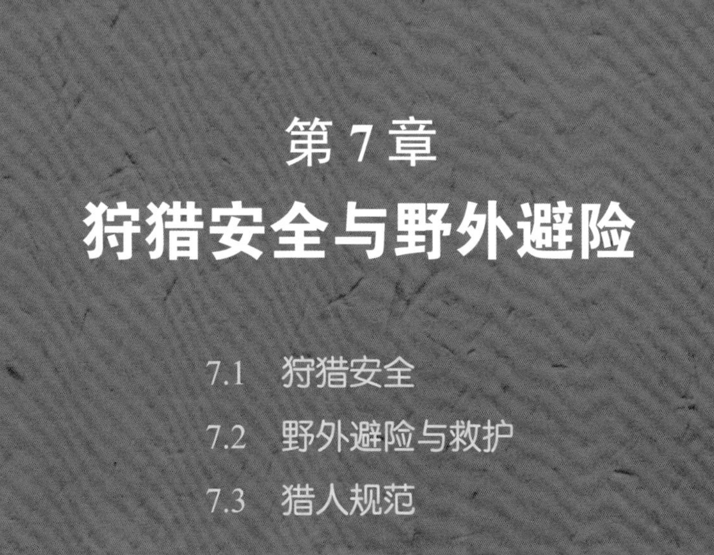

第 7 章
狩猎安全与野外避险

狩猎是在野外进行的挑战性很强的运动，不仅要防范枪支使用意外事故，还常常面临各种难以预料的风险，必须切实把握安全要领，时刻保持高度警惕，确保生命安全。枪支弹药是必要但却危险的狩猎装备。枪支极具杀伤力。因此，枪支的生产、销售、运输、储存、使用、报废、销毁等环节都受到法律的严格管制。在狩猎活动过程中，猎人需要具备并掌握枪支弹药的储存、使用与保存等技能。掌握枪弹安全使用规范与射击要领，时刻谨记并遵循枪弹安全使用规则及其他注意事项，确保自己及他人的生命安全。

狩猎中的野外避险也是十分重要的。进行野外狩猎时，即使万事俱备，也可能会面临防不胜防的困境，而这种情况的出现大多与天气、地理、野外毒虫等息息相关。因此，需要从思想上和方法上做好充分的准备，当面临突如其来的情况时，能够镇定自若，积极做好应对措施，妥善处理可能遇到的野外险情，最大程度地保障自身安全。

7.1 狩猎安全

7.1.1 狩猎事故及主要原因

大家都知道，人命关天，即使是霰弹枪也有很强的杀伤力，必须谨慎使用。相信没有一个猎人希望发生伤亡事故。但是，为什么还会频繁发生狩猎事故呢？

有专家在网上收集了100例国内狩猎事故的报

表7-1　部分狩猎伤亡事故的原因

<table>
<tr><th>事故原因</th><th>发生数量</th><th colspan="3">事故原因分析</th></tr>
<tr><td>未看清猎物</td><td>59</td><td colspan="3">对着声音、影子、亮光点和眼睛反光射击</td></tr>
<tr><td>射界不安全</td><td>12</td><td colspan="3">在枪支的有效范围内有未观察到的人，或石壁反弹弹丸</td></tr>
<tr><td>土铳炸膛</td><td>5</td><td colspan="3">自制土铳质量低劣</td></tr>
<tr><td rowspan="8">走火</td><td colspan="4">合计：24</td></tr>
<tr><th>发生数量</th><th>事故原因分析</th><th>发生数量</th><th>事故原因分析</th></tr>
<tr><td>1</td><td>验枪时走火</td><td>2</td><td>倒持枪口朝向</td></tr>
<tr><td>7</td><td>猎人跌倒</td><td>1</td><td>树枝挂住扳机</td></tr>
<tr><td>1</td><td>装药时</td><td>1</td><td>背带断裂造成枪支跌落</td></tr>
<tr><td>1</td><td>处理哑火时</td><td>3</td><td>追赶猎物</td></tr>
<tr><td>2</td><td>车辆行驶中</td><td>2</td><td>休息时枪支滑落</td></tr>
<tr><td>1</td><td>车内递枪</td><td>2</td><td>误扣扳机</td></tr>
</table>

道，对造成的伤亡情况和发生事故的原因进行了归纳分析，见表7-1。在这100例伤亡事故中，有71人死亡，32人受伤，其中猎人死亡45人，受伤18人；非猎人死亡26人，受伤14人。使用的枪支包括制式猎枪和土铳。

从表7-1中可以看出，未看清射击目标是造成狩猎事故的最主要原因，占59%，其次是射界不安全，即在枪支的有效射程内有未观察到的人，或射界内存在树木、水面和石壁，造成弹丸反弹，再就是各种原因造成的走火。少数几例是因为土铳质量低劣，或发射药装填过多，造成炸膛。发生的这些狩猎事故究其原因，是猎人没有严格遵守狩猎安全用枪规则，只要猎人能够严格遵守这些规则，就可以大大降低发生事故的概率。

7.1.2 持枪过程中的安全事项

（1）枪的检查

对任何一支枪，都要假设它的枪膛已经装填了子弹，处于随时可以击发的状态，除非你自己刚刚亲自进行过检查。在拿起一支枪时，要先打开枪膛进行检查。即使你已经检查过了，只要枪支曾经离开过你的视线或掌控，就一定要重新检查，确认枪膛内没有子弹。如果是从别人手里接过的枪支，那么不管对方怎么说，你都要首先打开枪膛检查，确定枪内没有子弹。

（2）野外持枪安全事项

从很多血的教训中，猎人们总结出了很多行之有效的安全注意事项，来保持对枪支的绝对控制，排除潜在的危险，并在发生意外时妥善地处置。只要猎人严格地遵循这些守则，就能极大地减少发生狩猎事故的风险。

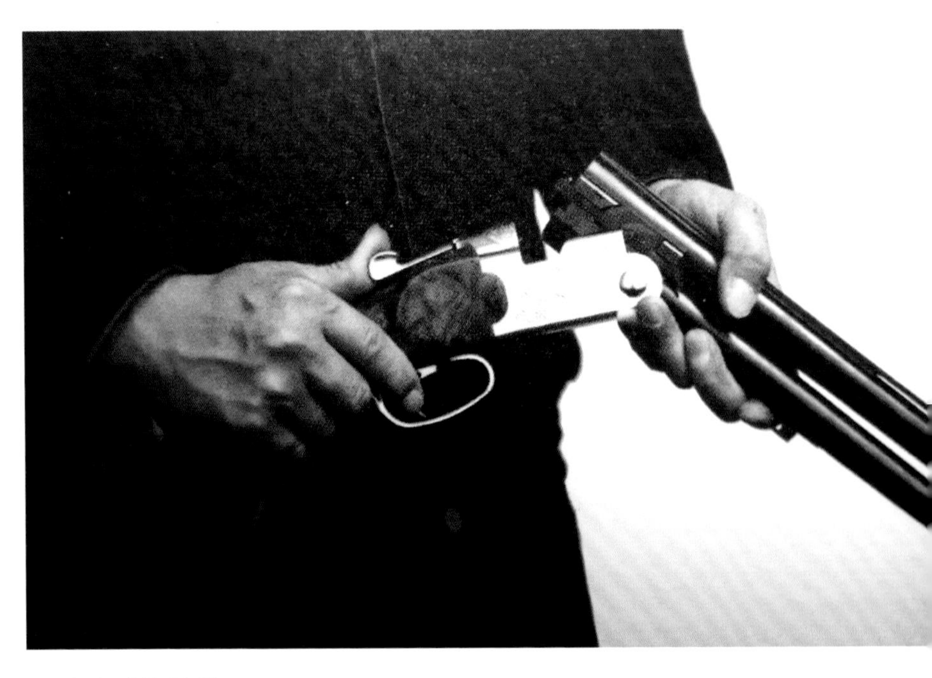

▲ 检查猎枪枪管

①不得把枪支斜倚在物体上

在不固定的情况下，斜倚的枪支容易滑落，损坏枪支，同时枪支滑落时还可能导致走火伤及自己或他人。

②上下车船时必须人枪分离

在需要乘坐汽车时，如果运输时间比较长，上车之前应该先验枪，确定枪膛内没有子弹。枪支要装在枪盒或枪套内，与弹药分开。枪支在车辆内的位置要固定，避免在运输过程中四处移动。放置枪支时，枪口不能对着车辆内的人。如果运输时间比较短，如在狩猎点之间移动，可以不退子弹，但是必须关上保险。上下车时人枪分离，先将枪支放入车内，注意枪口方向，或者交给车内的同伴，人再上车。在车上必须可靠地控制住枪口指向，如把枪支置于两腿之间，双手握住枪支，枪口朝上。下车时要先等车辆停稳后，人先下车，再将枪支取下。不得抓住枪口把枪支从车内拉出，或者推入车内。

上船之前首先要验枪，确保枪膛内没有子弹。如果是单独狩猎，要先把枪支枪口朝前放在船上，人再上船。上船后，猎人应该呆在猎枪的旁边，不能失去对猎枪的控制，防止猎枪因为船只的振动而移动。下船时，要等船只完全停稳，然后人先下船，再把枪支取下，枪口对着安全的方向。如果是两个猎人出行，则要分别登船。先把一支枪放在船头，枪口朝前，第一个猎人登上船只，待在船头；第二个猎人再把第二支枪放在船尾，枪口朝后，猎人在船尾把船只推离岸边，再上船，待在船尾。枪支任何部分不能露出船舷，防止刮到灌木或其他植物。

▲ 单个猎人翻越障碍物的方法

③不得持枪翻越围栏

在需要翻越障碍物时，如栏杆，一定要人枪分别过去，不能背枪跨越，也不能一手持枪一手撑住栏杆翻越，这样不仅容易跌倒，而且在整个过程中都会失去对枪口方向的控制。要打开枪膛，卸下子弹，防止杂物进入枪管。人要从枪口的相反方向攀越围栏。

④不得携带枪支过独木桥

不得携带枪支过独木桥，因为无法保持对枪支的控制。应该涉水过河，否则应该寻找其他的过河地点。

⑤采取预防措施防止跌倒

在经过危险复杂的地形时，如地面松软、湿滑、崎岖不平、松散石堆、陡坡、沟坎，一定要小心谨慎，防止失足或跌倒，必要时先退出子弹。万一跌倒时，要尽一切可能来控制枪口的指向，可以把枪支扔出，而不能用枪支支撑身体，避免枪口对着自己或同伴。

⑥不得携带上膛的猎枪追逐猎物

不得带着上膛的猎枪追逐猎物，因为猎人要注意观察猎物，所以容易忽略地面的状况而跌倒，或忽略同伴的位置。

⑦不得携带枪支攀登树木或高台

在需要攀登树木或高台时，必须人枪分开，不能自己携带枪支爬树或攀登高台。人要首先攀登上高台，等在高台坐稳后，再用事先绑在枪背带上的绳索把枪吊上去。下来时，要先退出子弹，关上保险，再将枪支吊下去。回到地面后，要先验枪，检查枪管是否有堵塞，再继续狩猎。

⑧采用安全的持枪姿势

在野外狩猎时，真正射击的时间非常短暂，大部分时间猎人都是携带枪支在行走，有时要经过崎岖的地形、田坎、水沟、独木桥，翻越围栏，穿过浓密的灌丛。因此，确保野外携枪安全对保证狩猎安全至关重要。安全的持枪姿势应该能确保对枪支的控制，及时转换成预备射击的姿势，便于控制枪口的指向，而且可以长时间地行走而不疲劳。

常见的野外持枪姿势有双手持枪、怀抱式持枪、肩扛、单手持枪和肩背式。双手持枪对枪支的把握力度最大，而且可以迅速转换成射击姿势；怀抱式持枪对枪支的操控力度较大，但无法迅速射击；单手持枪对枪支控制力度弱，易受灌木的影响；肩扛式胳膊容易疲劳，枪口方向变化大，对枪支的控制力低，是最不安全的携枪姿势。

⑨安全传递猎枪

在野外狩猎时，枪支过手是经常发生的。从其他人手中接过一支枪，不仅应视为接过一支已经顶上膛、随时可以击发的枪支，而且在过手时，枪口指向也会发生改变。如果不能谨慎对待，就有可能给自己和他人带来很大的风险。

不能接枪膛没有打开的枪支，因为你没有亲手验枪，无法判断枪膛内是否有子弹。如果碰到这种情况，要请对方打开枪膛，只有在确定弹膛和弹匣内没有子弹后，才能伸手接枪。要用双手接枪，双手握牢枪支后，再示意让对方松手。传递过程中枪口必须一直指向安全的方向。接过枪后应立刻验枪，确保枪膛内没有子弹，而且枪管内没有堵塞，可以安全射击。

7.1.3 射击过程中的安全事项

（1）看清射击目标和目标前后的射界

开弓没有回头箭。子弹一旦射出枪膛，就无法再收回。因此，如果没有看清楚猎物，绝对不能扣动扳机。狩猎中最常见的错误，是没有看清猎物时就扣动扳机，有时甚至是对着树林和草丛中的影子、发出声音的位置或亮光点射击。野外不是只有你一个人，还有其他的猎人和从事户外活动的人、耕种的农民和家畜、国家和地方保护野生动物、电线、变压器等设施。如果无意中击中了这些目标，都可能造成重大的损失。

▲ 隔山打与安全射界

除了要看清射击目标外，还要确定在目标的前方和后方或在视力无法看到的死角也不能有非射击目标。猎人可以正常射击而不会产生危险的区域称为“安全射界”，猎人只能射击位于安全射界之内的猎物。安全射界一般是指以猎人为中心，以45°向前方延伸，最远至枪支最大射程的扇形区域。如果猎人前方有土坡或高耸的土坎拦截弹丸，安全射界的范围就会相应地缩小。在安全射界内，如果没有阻挡猎人视线的植被，没有能形成跳弹的水面、树干、岩石和石壁，或者没有隐蔽人或牲畜的凹地，猎人可以清楚地预测弹丸的整个运动轨迹。

我们常说不能“隔山打”，就是不能射击站立在或即将翻越山脊的猎物，因为你无法了解山脊对面的情况，也就是说射界是不安全的。如果弹丸没有击中目标，就可能射过山脊，误伤山脊背面的人员。

如果是多个猎人一起狩猎，射界还与参加狩猎的猎人数量和位置有关系。在狩猎环颈雉或野兔时，猎人经常排成一横列往前推进。这时位于中间的猎人的射界最窄，大约45°；两侧的猎人因为可以向侧面射击，射界要宽得多。但是无论是中间还是两侧

▲ 多个猎人行猎时的安全射界示意（从左到右三个猎人的安全射击分别是蓝色、赭色和淡绿色的三角形面积）

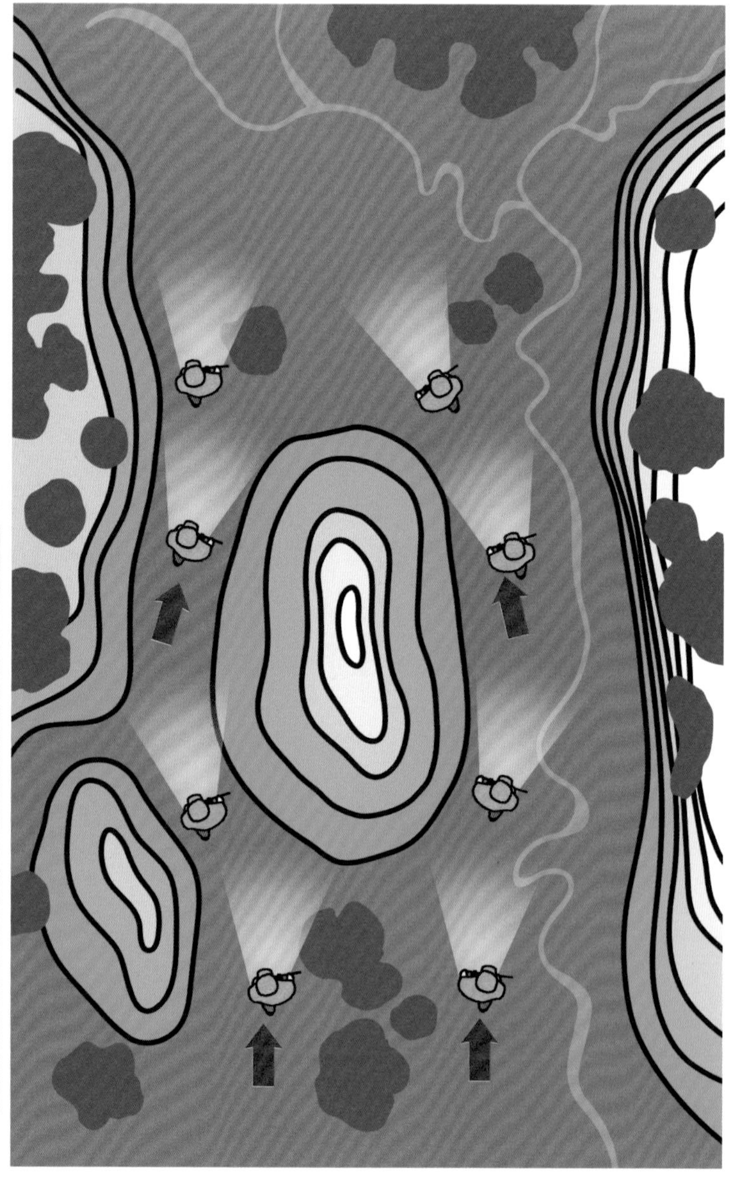

▲ 分开行动猎人的安全射界示意图

的猎人，都不得向有人的侧面或身后射击。

两个猎人不能同时射击同一只猎物。按照狩猎的礼仪，猎人有权优先射击自己正前方的猎物，只有他决定放弃或没有击中猎物后，其他的猎人才能射击。

如果是多个猎人分散行猎，除了严格遵循45°的安全射界外，还要随时注意观察同伴的位置，最好能使同伴一直保持在视野内，也要主动创造条件，如用声音或醒目的衣着，让同伴了解自己的位置，以明确各自的安全射界。如果是分开行动，或者各自划分狩猎区域，要严格遵守相互间的约定，在无法提前告知对方的情况下，不得改变约定，擅自行动。新猎人见到猎物后非常兴奋，往往独自追赶猎物，这将无法与同伴协调行动，不了解对方的位置，无法确定安全射界，从而给自己和同伴带来危险。

（2）枪口要指向安全的方向

只要枪口方向上没有非射击目标，自然就不会发生误伤的事故。这一条听起来非常简单，但在狩猎中却很难完全做到，否则每年就不会发生那么多的狩猎事故。

在静止时，枪口安全指向相对固定，人们还比较容易注意这条。但在狩猎时，猎人是在不断运动中的，枪口的安全指向也不是固定的，而是随着猎人的运动。与同伴的相对位置和环境的改变而不断变化的，只要稍有疏忽，就很容易无意中把枪口指向不安全方向。在野外狩猎时，还会有很多意外的因素，造成猎人失去对枪支的控制。例如，有人在你身后呼唤你，你下意识地转过身去，随着身体的转

▲ 射击方向

动，枪口指向也不知不觉地改变了。正在行走时，口袋里的电话响了起来，你把本来双手握在胸前的枪交到左手，右手掏出手机，开始通话，而你左手里的枪支就可能指向了左边的同伴。在瞄准运动中的猎物时，枪口会跟随猎物而运动，如果不能在瞄准过程中用眼睛的余光观察周围环境，特别是同伴的位置，就可能从一开始的安全指向变成不安全的方向。当你跳上船只时，船只突然晃动，让你差点失去平衡，枪支也随你的胳膊摇动。你打下来一只环颈雉，当你发现受伤的猎物正在试图逃跑时，端着枪就追了上去，没有意识到已经进入了同伴的射界。为了狩猎安全，猎人不仅要随时意识到枪口指向的变化，还必须随时保持对枪支的控制，才能确保枪口指向安全的方向。

（3）只有在决定射击后才可以把食指放在扳机上

猎人初次参加狩猎时会很兴奋，一拿到枪就想顶上子弹，打开保险，把食指搭在扳机上，做好了射击的全部准备，生怕猎物突然出现，失去了射击的机会。这实在是大可不必，也是非常危险的。

射击准备有几个级别，要根据狩猎时不同的情况，按需要实施。在一般情况下，猎人下车后，如果不在人类居住点的附近，或者是进入了狩猎区域后，才可以装上子弹，但还不能打开保险。只有在预感到或看到猎物后，才能打开保险，但食指还不能搭在扳机上。随着猎物进入射界，把食指放扳机护圈侧面，一旦需要射击，可以很方便地后抽，落到扳机上。另外，把食指搭在扳机弧圈侧面也能起到保护的作用，防止树枝等杂物挂住扳机。只有看清了猎物和射界，完成持枪动作，抵肩并开始瞄准时，才能把食指放在扳机上，随时准备击发。

▲ 未决定射击前，食指不要放在扳机上，更不能枪口对人

（4）出现哑火后要正确处理

扣动扳机后没有击发，说明出现了哑火。造成哑火的原因有很多种，如枪支发生机械故障、发射药受潮等，但最危险的是迟发火，即撞针撞击后，子弹要延迟一点时间才击发。在出现哑火后，如果猎人立即打开枪膛想取出哑弹，而迟发火的子弹恰恰在这时击发，弹壳就可能会从枪尾飞出，击中猎人的头部。有些猎人会倒转枪口，用眼睛往枪管里面看，想找出原因；有的猎人手足无措，转过身去向别人求助，完全忘记了枪支仍然处于击发状态和枪口安全指向的规则，这些都是错误的，也是极其危险的。

发生哑火后，首先保持射击姿势不动（这时枪口应指向安全方向），等待30秒。如果仍然不击发，要立即停止射击，把脸尽量远离枪身，关上保险，再小心地打开枪膛，退出子弹。退出子弹后，要检查枪膛是否通畅，然后确定是枪支发生故障还是子弹出了问题。

扣动扳机后枪没有响，自然是出现了哑火。但是如果有多人同时射击，枪声嘈杂，猎人就只能凭借后坐力的变化，来做出判断。如果猎人觉得后坐力突然消失或变小，就要马上停止射击，按照哑火进行处理。

7.1.4 枪的清洁与维护

良好的枪支保养习惯是保证枪械正常工作和射击

▲ 定期清理枪管

精度的重要方法，也是作为猎人必备的能力。

擦拭保养枪支之前须确认枪支已退弹、准备必要的擦拭保养工具、工作台清洁、灯光调整到最佳工作状态。

擦枪工具包括工具箱、眼镜、擦枪杆、布片、枪油、火药水、软布、手套。避免用枪油擦洗子弹，那样会弄湿底火。

将枪栓拆下后从后膛推入与枪支口径相同的擦枪棒，擦枪棒的枪管刷或者布片涂上火药水，将擦枪棒推过整个枪管。每次换上新布片反复重复上述动作，清洗干净后用布片粘上枪油擦拭枪管。铜刷擦洗枪栓缝隙中的发射药残渣后用软油布擦洗。最后用软布擦洗枪支外表面。

7.1.5 枪的存放

枪弹须储存在封闭的枪弹库内，枪弹分离的同时按照枪支管理法的有关规定做好防盗设备的安装与监控，配备负责人按照法律要求进行管理。

7.1.6 其他安全事项

（1）不得酒后狩猎

酒精会影响人的判断能力和协调能力，过量饮酒会使人失去基本的判断能力和自制能力，作出错误的决定，实施不理智的行为。因此，严禁在饮酒后狩猎。酒精对猎人的影响是多方面的，饮酒后的猎人不能正确判断何时该开枪射击，何时不宜开枪射击，无法确定安全射界。酒精会影响猎人的协调能力，让猎人无法安全操作枪支、跨越障碍物和崎岖的地形，无法发挥射击技巧，延长反应时间。酒精会影响猎人的语言能力，使猎人在与同伴交流时不能清楚地表达自己的意思，或者理解同伴的语言。酒精还会影响猎人的听力和视力，使他难以确定猎物的位置，正确地识别猎物种类。除了自己不能酒后狩猎外，猎人还要劝阻自己同伴不能酒后狩猎，拒绝与饮酒后的伙伴一起狩猎。

（2）身着颜色醒目的服装

在野外不会只有你一个人在狩猎。因此，在狩猎时要穿醒目的服装，让其他猎人很容易地看见你，你也更加安全，减少误击的可能性。不要选择与猎物身体颜色相似的服装，如褐色、棕色或白色服装，更不宜身穿迷彩服装。美国和加拿大很多州（省）要求猎人必须穿橙色服装。因为在自然界中没有这种颜色，不会与猎物相混淆。有的猎人担心，身着醒目的服装容易被猎物发现，失去狩猎机会。其实，与自己和他人的人身安全相比较，失去几次狩猎机会实在是无足轻重的，而且绝大多数野

▲ 穿着鲜艳醒目的猎装

生动物都是色盲，对醒目的颜色并不敏感，一般不会因此失去狩猎机会。

（3）保险不是万能的

有的猎人过于相信保险的作用，觉得只要关上保险就万事大吉，用不着再遵守其他的安全规定，这是非常危险的想法。

大部分枪支保险装置的作用原理都是阻拦扳机，使得猎人无法扣动扳机击发，但并不影响枪支的击发装置。如果枪支跌落在地上，或者枪支的特定位置受到大力撞击，即使关上了保险，枪支还是有可能走火。不管枪支保险的质量和性能多么好，它毕竟是一种机械装置，是必定会发生故障的。如果枪的保险装置的零件损坏或变形了，那么，即使关上保险，枪支也会击发。

枪的保险失效更多地是由人为的因素造成的。如你误以为关上了保险，而实际上并没有关上，或者其他人“帮忙”替你打开了保险，这时扣动扳机，就可能发生狩猎伤亡事故。枪的保险不能取代安全意识，它只是正确操作枪支的辅助，猎人的安全意识和正确操作枪支的措施才是最好的保险。

7.1.7 弓箭使用注意事项

（1）请勿将弓箭借给不懂弓箭的人使用

在交接之前须讲明安全守则。完全不懂的人可能上来就给你的弓空放一下（空放对弓的伤害极其严重）。要对自己、对他人的安全负责，一般人不了解弓箭的杀伤性，可能在不经意间就造成严重事故。

（2）禁止空放弓

空放弓就是在没有的箭的情况下拉弓并撒放弓弦。开弓后无箭空放，会造成弓片、弓弦使用寿命缩短，甚至造成弓片、弓弦的永久性损伤以及弓弦脱离滑轮等现象。并可能造成对猎人本人及他人的安全隐患。所以，当你拉开没有箭的弓后，请拉住弓弦，慢慢回放至原始位置。

（3）不要把弓放在过度高温或持久潮湿的地方

高温和潮湿对弓的损害很大。如把弓放在炎热天气下的一个高温密闭空间里，会导致有些零部件失灵。把弓长久存放于高温的阁楼或潮湿的地下室都会对弓有损害。请在不用弓时，将其妥善存放。

（4）每次使用前请仔细检查你的弓

在使用前请仔细检查弓弦、弓片、弓把的状况。磨损的弓弦应该换掉；损坏或怀疑损坏的弓片应该进行更换或检验。

（5）检查所有的箭

在射击前，检查所有的箭是否有缺陷。扔掉有裂缝或有凹痕的箭，更换破损的或松散的箭羽和箭尾。

（6）安全永远第一

射击时，永远不要掉以轻心。用刀片式箭头时要注意绕过弓弦和弓缆。割断弓弦和弓缆会对弓造成及其严重的损害，而且也有可能伤到猎人或他人。不要超过弓的峰值拉力。禁止在拉开弓时指向或瞄准他人。

7.1.8 野外用火安全

狩猎期往往与森林或者草原防火期重叠。因此，预防在狩猎过程中发生森林或者草原火灾是每一位猎人应尽的职责。原则上禁止野外用火，确需野外用火的，要按照当地野外用火的有关规定办理，并开好防火隔离带，防止出现跑火现象。离开时，要彻底扑灭余火。狩猎过程中也要防止出现枪击火。当发生火灾时要积极扑灭，并迅速向有关部门报告。

7.2 野外避险与救护

7.2.1 防食物中毒与救护

（1）食物中毒预防

野外生存在断炊的情况下，关键是要掌握野生动植物的识别知识和食用技能。不要食入安全状况不明的野生菌、腐烂变质食物及其他有毒动植物。食用野生植物时，必须认真鉴别，确保万无一失。

采食野生植物最大的问题是如何鉴别有毒或无毒。一些有毒植物的特点是：有特殊形态和色彩；分泌带色液体；具有不良的口味和气味，不要采食有乳液的植物和任何红色的豆。但上述这些并不能包括所有植物的特点，如马桑果，味儿甜，却有很大毒性。银杏果含有银杏毒，不能吃，但内果皮包裹着的种仁，却可以食用。蒲公英能分泌乳汁，却没有毒性。黄花菜鲜吃，容易中毒。在沙漠地区，龙舌兰根不能吃，但龙舌兰的茎和芽可以吃。种植的芋艿既可当粮又可做菜，但野生芋艿却有毒性。这说明鉴别植物有毒或无毒是复杂的，较可靠的方法是根据有关部门编绘的可食野生植物的图谱进行认真对照和鉴别，并注意观察和实践，不断积累这方面的知识。但是要注意，野生的豆类、黄瓜和类似洋葱的植物大部分有毒。那些有苦味、涩味、刺激舌头的植物以及那些美丽如花的野蘑菇绝对禁止食用。捕食鱼类，一定要注意从形态上识别是否是有毒鱼，有些鱼的肉和内脏中含有毒素，如河豚、刺鱼、玉梭鱼、加克鱼、角箱鲀、黄边裸胸鳝等。

（2）中毒的症状

常见的接触毒物的方式有以下几种：一是吞咽有毒或腐烂变质的食物；二是吸入有毒气体和烟雾的时候，毒物随之一起进入体内；三是有毒植物刺伤；四是接触有毒物质；五是饮用有毒或污染的水。

食用不同类别有毒的食物，其中毒症状也有所不同，但大多数食物中毒者会出现口、唇和舌头发痒，呕吐腹泻、寒颤发热、肌肉无力或倦怠感等，有的出现头痛、关节疼、神经系统症状，严重者可造成呼吸困难、麻木、瘫痪，甚至死亡。

（3）中毒的处置

①吞咽食物中毒的处理

在野外条件下，如果发生了吞咽食物中毒，应尽快用手指扣压中毒者喉咙催吐，以便把有毒物质从伤员体内排出。对于刚刚吞咽毒物以及在吞咽发生了好几个小时之后，这种方法都是有用的。一旦伤员胃里的东西被呕吐出来之后，紧接着就应该尝试采用吸收的方法来去除残存的毒质。为此，可以让伤员服用茶、木炭和氧化镁乳液按照同等比例混合而成的液体，或者把活性炭（大约25～50克）和水混合在一起服用。这些吸收疗法可以让有毒的物质被活性炭吸附，然后通过正常途径从粪便中排出体外。

②有毒植物刺伤的处理

在一些密林、植物较多的地方进行狩猎，常会被植物刺伤，一般植物刺伤只做简单的包扎处理即可。要是被有毒植物刺伤，就要根据刺伤情况进行排毒、清毒等方面的处理与救护，以免造成严重后果。

③接触性中毒的处理

人体皮肤与有毒植物接触，可能会被刺伤或严重刺激皮肤而引发皮疹。一旦发现刺伤中毒，首先应彻底清洗受伤的区域，尽可能多的去除有毒物质。然后用消毒的纱布或干净衣物覆盖伤口，以避免伤口接触刺激物。接触中毒后，要保持对伤员伤势的密切观察，以防伤员对于刺激物有任何过敏性反应。另外，和有毒物质接触过的衣物有可能会再次引起中毒，所以，应尽快处理掉这些衣物或者将其彻底清洗干净。同时，还应注意尽量减少与中毒部位的接触，避免中毒部位引起其他部位中毒。

7.2.2 防中暑与救护

（1）预防中暑

中暑是指在炎热、潮湿、无风或强烈阳光曝晒下，导致热平衡失调、水盐代谢紊乱、血液循环衰竭，或因阳光直射头部导致脑膜、脑组织损伤所引起的一种疾病。中暑有两个特点：一是从时机上讲，在严热环境中进行高强度运动，因消耗体力过大而容易引发中暑；二是从人员上讲，因耐热能力或身体素质差而容易出现中暑。为预防中暑应做到：

一是加强体能锻炼，增强抵抗能力。特别是要有意识的进行耐热锻炼，通过“由低到高”“由轻到重”的方法，逐步增加训练强度，提高耐热能力，尽快适应所在区域的气候环境。

二是事前准备充足，避免中暑。在野外活动时，要详细了解掌握有关地域的防暑知识，准备防暑药品。在出发前喝足水；在行动中，采取少量多次的方法补充水分：为避免出汗后体内盐分的流失，可携带咸菜、咸鱼、咸干粮或含盐清凉饮料、盐汽水、清凉盐粉、盐片、油炒盐等，用以补充身体盐份。

三是做好日常保护，防止意外发生。如在炎热季节野外活动时，应防止头部曝晒，要戴遮阳帽。草帽或用野草枝条自制伪装圈戴；在较为固定的地点活动时，可在现场设置简易凉棚；帐篷或用树枝、野草搭简易棚遮阴；有条件时，可用湿毛巾敷盖头、颈部；在休息时用凉水洗脸、擦澡、冲凉，以使机体充分散热和休息。

（2）中暑症状

中暑是一种季节性的疾病。我国长江以南和东南沿海地区，因热期长、辐射强、温度高，是造成人员中暑的高发区；北方地区的夏季高温时期也容易发生中暑。中暑后常伴随剧烈头痛、头晕、恶心、呕吐、耳鸣、眼花、烦躁不安、神志障碍，重者发生晕厥，体温增高。中暑按病情轻重可分为：

①先兆中暑

在高温环境下中，中暑出现头晕、眼花、耳鸣、恶心、胸闷、心悸、无力、口渴、大汗、注意力不集中、四肢发麻，此时体温正常或稍高，一般不超过37.5℃。此为中暑的先兆表现，应及时采取措施，如迅速离开高温现场等，多数情况下能阻止中暑的发展。

②轻度中暑

除有先兆中暑表现外，还有面色潮红或苍白，恶心、呕吐、气短、大汗、皮肤热或湿冷、脉搏细弱、心率增快、血压下降等呼吸、循环衰竭的早期表现，此时体温超过38℃。

③重度中暑

即除先兆中暑、轻症中暑的表现外，并伴有昏厥、昏迷、痉挛或高热现象。还可继续分为：中暑高热，即体内大量热蓄积；中暑者可出现嗜睡、昏迷、面色潮红、皮肤干热、无汗、呼吸急促、心率增快、血压下降、高热、体温可超过40℃；中暑衰竭，即体内有大量积热。中暑者可出现面色苍白、皮肤湿冷、脉搏细弱、呼吸浅而快、晕厥、昏迷、血压下降；中暑痉挛，即与高温无直接关系，而发生在剧烈劳动与运动后，由于大量出汗后只饮水而未补充盐分，导致血钠、氯化物降低，血钾亦可降低，而引起肌肉痉挛（俗称抽筋）、口渴、尿少，但体温正常；日射病，即强烈的阳光照射头部，造成颅内温度增高。

（3）中暑处理

一旦发现有中暑症状，应立即离开高热的地方，到树荫下、凉棚内等通风较好的阴凉处休息。休息时，要解开衣服，放松裤带，平躺仰卧，可用扇风、冷敷、喝盐开水驱暑散热。也可服十滴水、人丹、风油精之类的解暑药物。如发现同伴昏迷，可掐人中穴、合谷穴，使其苏醒，重度中暑者，应急送医院救治。

7.2.3 防冻伤与救护

（1）冻伤预防

冻伤是人对寒冷抵御不力而造成的人体组织疾

病。冻伤多发生在北方寒区以及高海拔地区。人在冻伤后，其症状一般表现为冻伤的部位冰冷、僵硬、麻木、痛痒、皮肤变硬、变色等。肢体难以正常活动，有的还因此致残。冻伤的形成是不知不觉的，受冻者本身有时也很难察觉。为防冻伤，要及时活动面部肌肉，如做皱眉、挤眼、咧嘴等动作，用手搓面、耳、鼻等部位。特别注意鞋袜的干燥，出汗多时应及时更换或烘干，因为在潮湿的情况下最容易冻伤。局部冻伤本身是不会致命的，但它的后果极为严重。许多寒区遇险的人中，主要是因为冻伤而失去了活动能力，无法进行各种生存活动，最后因低温症而死亡。为预防冻伤，要做到：

第一，加强对耳、鼻、脚等易冻伤部位的保护；

第二，要经常进行耐寒锻炼，充分发挥机体本身抗寒作用；

▲ 不同的环境，采用不同材料的猎装

第三，在寒冷区域，条件允许的情况下应尽可能不要在一个地方停留太久，要活动，以防冻伤。

（2）冻伤处置

发现冻伤病人时，要迅速将其移离寒冷环境，做好全身和局部保暖，给予热水喝。如衣服鞋袜潮湿应迅速予以更换，不易解脱时可剪开或连同肢体一并浸入热水中，待融化后再解脱。受冻伤部位复温能改善局部以及全身的血液循环，减少组织坏死，减轻伤残，是对冻伤者紧急处理的一种有效方法。复温的方法一般主张快速复温，即将受冻部位浸泡在水中，水温以42～49℃为宜，低于42℃效果不好，高于49℃会造成烫伤。浸浴至远心端恢复正常温度为止。对于颜面冻伤或无温水复温条件时，可将病员置于22～25℃的室内，使伤部暴露于室温下复温，也可用茄杆、辣椒杆、冬青和艾叶切碎加水煎熬过滤后，待水温降至42℃时浸泡患处，每天2～3次，每次10～15分钟。也可用1∶5000的高锰酸钾或1∶1000的新洁尔灭溶液浸浴。天气寒冷时，鼻、耳、面颊、下巴等露出的部位容易被冻伤。有时戴手套、穿鞋袜的手足也会被冻伤。一旦出现冻伤，要尽量把伤者移到户内避寒，并将冻伤的肢体放入自己的腋窝下、胸前腹部处慢慢加温，使其逐渐自然解冻。千万不要用柴火或辐射热对伤处进行解冻复温。如有条件，可将伤者肢体放入与体温差不多的温水中浸泡，一般15～30分钟，体温接近正常即可，不宜过久。冻伤部位恢复正常体温后，应裹以毛巾或其他衣物保护。如果是手脚受冻伤，可对冻伤部位进行轻轻按摩，使血液循环好转，但不可直接按摩皮肤变色部位，以免弄破血泡。

7.2.4 防摔伤与救护

摔伤是从高处坠落，受到高速冲击力，使人体组织和器官遭到一定程度的破坏而引发的损伤。救助的方法：

一是发生危害时。要及时去除伤员身上的装具和口袋中的硬物。

二是在搬运和转送过程中，颈部和躯干不能前屈或扭转，而应使脊柱伸直，绝对禁止一个抬肩一个抬腿的搬法，以免发生或加重截瘫。

三是创伤局部妥善包扎，但对疑似颅底骨折和脑脊液漏患者切忌作填塞，以免导致颅内感染。

四是要让伤员的颌面部首先保持清洁，呼吸道通畅，撤除假牙，清除移位的组织碎片、血凝块、口腔分泌物等，同时松解伤员的颈、胸部钮扣。

五是复合伤要求平仰卧位，保持呼吸道畅通。

六是在周围血管伤、压迫伤以上动脉干至骨骼部位，直接在伤口上放置厚敷料，绷带加压包扎以不出血和不影响肢体血循环为宜。当上述方法无效时可慎用止血带，原则上尽量缩短使用时间，一般以不超过1小时为宜，做好标记，注明上次止血带时间。

七是有条件时迅速给予静脉补液，补充血容量。

7.2.5 防危险动物伤害与救护

危险动物是指对人身可能直接造成伤害的动物，通常有危险凶猛动物、危险小动物和危险水生动物等。要避免受到危险动物的伤害，关键要了解它们，就不会在无意中受到伤害，有些小动物的威胁虽然不是致命的，但也是十分凶险的。如果预防措施得当，即便是遇到一些大型的危险动物，也能够灵巧地化险为夷。

（1）凶猛动物

虎、狮、豹、野猪、狼等许多野兽可能会对人造成严重的伤害。这些野兽不遇上则罢，如果真的遇上了，最好是想办法不要惊动它们，尽可能在它们还没有注意之前悄悄走开。即使是手中有枪，也只能做好射击的准备，而不要主动地向它们进攻。如果不能一枪将它们毙命，它们会猛烈地进行回击。

①野猪

野猪分布很广泛，几乎有林有山就有它。民间有“一猪、二熊、三老虎”的谚语，可见野猪比熊和老虎都厉害。实则不然。野猪也是一种非常怕人的动物，一见人就跑，甚至听到人的声音，闻到人的气味就跑得无影无踪。据说野猪在被打伤后才会攻击人，一般情况下也只顾逃跑。野猪是群居动物，逃跑时往往是把小猪夹在中间。走的时候有基本固定的路线，所以常常被猎人的套子和持枪“守株待猪”的猎人捕获。野猪之所以多，是由于其繁殖快、跑得快和杂食性决定的。它春夏在山梁和山顶做窝产崽，幼崽在长大后就弃窝而去，平时有固定的住处。喜食橡树籽，常在橡树林活动，用嘴在树叶和泥土里拱食。目前，野猪的数量在大幅度增加，个别地方致害严重，应当重点予以调控其种群数量。

②虎豹和熊

虎豹属于猫科动物。虎豹的动作非常快，平常很难遇到，一般不袭击成年人。目前，虎只有东北有分布。豹的分布范围广一些。广西曾发生过金钱豹在农户家偷猪吃时，被一个妇女用棒槌打跑的事情。这说明至少豹也是怕人的。豹在秦岭、祁连山、天山和青藏高原以及华北、西北都有分布，但数量极少。虎豹都属于国家重点保护野生动物。熊本应和虎豹一样是肉食动物，但由于体态笨拙，很难捕捉到大一些的动物，经常饿肚子，现在已经进化成杂食性动物，几乎见到什么就吃什么。由于动作慢，和人遭遇时往往会主动攻击人。但也只是人侵入它的窝附近或者遇到带幼崽的母熊，才会遭到攻击。熊常常在密林、树洞、石洞里做窝。熊是国家重点保护野生动物。

▲ 野生棕熊

③狼

属犬科动物。它的食谱主要是兔子、老鼠和青蛙等。有时也成群结队袭击家畜和人。狼在大部分地方都绝迹了，只有在内蒙古草原、青藏高原、祁连山和天山的个别地方还有少量存在。如在行进中遇到狼，不必特别惊慌，因为它虽然十分凶残，但它怕火、怕红色、怕打腰，可根据狼的这些特点随机应变。在狼不主动攻击时，只要不慌不忙地退走便可脱离危险，千万不要仓皇逃走，这样反而会引起它的疑心。如果它追赶你，可突然蹲下，把它吓跑，或开枪射杀。

从以上情况可以看出，在两种情况下野兽会主动攻击人，一是突然遭遇，二是保护幼崽。另外，当有些野兽受到攻击或受伤时，会拼命地对人进行报复性攻击。所以，在行进中除发出声音外，尽量不要到可疑的地方去。就是意外碰到野兽，首先不要惊慌，观察一下，如果它逃跑，就没有什么危险，如果它只发出警告的声音而不发起进攻，慢慢地退回去就行了，这时不要对野兽做出敌意，也不要转身猛跑，那样会激怒野兽，引起它的攻击；如果它攻击，在后退的同时要立即做好迎击准备，有时人退走后，它就停止进攻。

在被野兽追赶时，也可以爬到大树上去，不过豹子和熊也会爬上树，上去要准备树枝、砍刀等打它。野猪能把树咬断，就要爬大一些的树，它咬树时，脱下一件衣服扔给它，它会把衣服撕烂而去。野兽都怕火，点起火把，野兽就不敢来了。在林区和草原夜间宿营时，生起一堆篝火，就能预防野兽的侵袭。有的动物还怕鲜艳的颜色，如火红色、橘红色、黄色等。有时挥舞有鲜艳颜色的衣服也能赶跑野兽。

（2）毒虫咬伤与救护

在自然界中，有许多有毒小动物，一旦被其伤害，也可能威胁到生命，常见的如，蛇、蝎子、蜈蚣、蚂蚁、野蜂等。叮咬后，轻则肿胀疼痛、过敏反应，重则恶心呕吐，呼吸困难、不省人事，甚至危及生命。因此，被毒虫叮咬后，要及时进行处置。

①毒蛇咬伤

在我国约50种毒蛇中，分布较广、毒性较强、确实能伤害人和家畜的有10多种，如蝮蛇、响尾蛇、五步蛇、眼镜蛇、银环蛇、竹叶青、龟壳花蛇、蟒蛇、蝰蛇等。毒蛇一般尾部较粗短，头部呈三角形，颈部较细，身上有颜色鲜明的花纹，行动比较敏捷。毒蛇是令人恐惧的动物。有时走在草地上，一想到蛇，就会使人感到毛骨悚然。但是除了眼镜王蛇外，其他蛇一般不主动攻击人，大多数情况下，人是不小心踩上或摸碰上才被蛇咬的。

预防毒蛇咬伤。北方的蛇不是很多，在塄坎、石堆、河边、草丛、灌木行进时，多加注意就可以避

▲ 蝰蛇

▲ 竹叶青

▲ 银环蛇

▲ 金环蛇

▲ 蝮蛇

▲ 眼镜蛇

免其伤害，必要时可以用棍棒“打草惊蛇”。因为蛇听到声音时也会逃避，它如果觉得来了一个惹不起、也咽不下的大家伙，也会害怕被杀而逃跑。当然也有死不让路的蛇，当它逃避不及会盘成一团，并将头缩在中央，警惕地注视着发出声响或物体晃动的地方。此时，人如果不注意而未发现，一旦踩上或触及它，蛇就会伸出头来咬人。也有的蛇根本就不怕人，有时会在众目睽睽之下继续精心捕捉它的猎物。对于这种蛇，如果不小心踩上或撞上，很可能被它伤害。发现这种不让路的蛇，可用棍子赶开、挑开。雨过天晴的时候，毒蛇活动比较频繁，而且常常会到路上来，在行进中就要格外小心。如果与毒蛇不期而遇，要保持镇静，千万不要突然移动，也不要主动对其发起进攻。蛇类一般很敏捷，但视力比较差，只能对移动的目标看得比较清楚，如果人不动，它一般是不会主动进攻的。

在杂草较多的地方行走，可用一根长树枝在前面“开道”，起到“打草惊蛇”的作用。如果条件可能，最好是穿上结实的皮靴。

在伐取灌木、采摘水果前要小心观察，因为有些蛇喜欢栖息于树上。

在翻转石块、圆木或者挖坑挖洞的时候，尽量使用木棒，不要徒手去做。

在使用床单、衣服、包裹前要小心，最好是仔细查看一遍，因为蛇类很可能会躲在下面。不要挑逗或提起蛇类或将它们逼入困境，有些蛇在走投无路的时候攻击性会大大增强。

②毒蛇咬伤的判断

判断蛇伤，一是观察，二是看症状。

观察时首先要区别毒蛇与无毒蛇。过去人们主要从头部和尾部来辨认，但有时也不一定准确。如一般毒蛇头部较大，呈三角形，但金环蛇、银环蛇却例外。从活动时间看，毒蛇一般都在晨昏和夜间活动。但眼镜王蛇在白天也常出来活动。比较科学的区别方法还是看蛇咬伤后所遗留下的牙痕。从被咬伤的皮肤上，留下两排牙痕，如果看到有2个较深而大的牙痕，是毒蛇留下的。被毒蛇咬后的症状一般为：局部疼痛、肿胀、恶心、呕吐、视觉模糊、呼吸困难、抽搐麻木等。

③毒蛇咬伤的救护

被毒蛇咬伤后，切不要惊慌失措和奔跑，而应采取以下步骤：

第一步，以最快速度挤血。毒蛇咬人后，毒液集中在伤口中央大约4.5秒钟，随着时间及血管分布状况向四周扩散。如果先从捆扎、开刀、清洗至吸血，就会相隔过长时间，导致蛇毒蔓延。因此，当确认被毒蛇咬伤后，要先迅速进行挤血。继而随手捡些石片或木片，将伤口四周的血刮聚到伤口中央，用力挤出。然后用吸乳器从创口处吸出血液和毒液。也可直接用嘴吸吮伤口排毒，边吸边吐，每次都要用清水或白酒漱口。如果口腔破溃、龋齿，就不能用口吸，以免中毒。

第二步，应立刻用橡皮带、绳子、布条、手绢，或就近拾取适用的植物茎、藤结扎伤口的上方，减少毒液的扩散。结扎的速度越快越好，争取在咬伤后1～3分钟内完成。结扎方法：如果咬伤的是手指，要结扎在伤指的根部：如果咬伤的是小腿，要在膝盖上方结扎：如果咬伤前臂，就结扎在肘关节以上。结扎要紧，结扎后，每隔15～20分钟放松2～3分钟，以免长时间阻止血液循环，造成局部组织坏死。

第三步，结扎伤口上部后，立即用盐水、肥皂水或清水对伤口进行清洗，冲掉伤口周围的残余蛇毒和脏东西。冲洗后应立刻进行扩创、排毒。扩创的方法是：先以伤口为中心，用小刀切开一个“十”字，然后围绕这个十字，再切开几个小十字（也可用小刀挑开如米粒大小破口）。这样可使毒液外流，防止创口闭塞，但不要切得太深，以免伤及血管，扩创后继续将余毒排出。

第四步，现场用药。如果有蛇药，可按说明书使用，包括内服和外用。

第五步，送医院救治。送治途中一般不去掉结扎带，但要随时进行检查，如能将打死的毒蛇一起带上，医院就能更有针对性地进行治疗，提高治疗效果。除以上步骤外，特殊情况下也可断指保命。

④蝎子蜇人

蝎子多生活于沙漠、热带、亚热带地区、温带丛林及山区中。沙漠中的蝎子体色在淡黄色至亮绿色之间，湿润地带的蝎子多为褐色或黑色，蝎子平均体长为2.5厘米，但有的巨蝎可达20厘米。蝎子的刺针位于其尾部，蜇伤人后释放毒液，被蝎子蛰伤后，应立即拔出毒刺，并在近心端结扎带子，注意

▲毒蝎

每15分钟放松一次，再用20%肥皂水或10%苏打液冲洗。局部可进行冷敷，或用蛇药片调成糊状敷于伤口3厘米处。也可用细盐与水调后敷在患处，并用布包好，再放入热水中浸泡，很快能消除疼痛。多喝水，以利排毒。蝎子多在晚间出来活动，通常会藏在树皮下、岩石底或别的掩体下。在露营前，应该仔细对周围的环境进行检查，以防把露营点建在蝎子的洞穴边。睡觉时，要把帐篷密封好，否则蝎子可能会钻进帐篷。睡觉起来后，在穿衣服前，要将衣服抖几下，及时发现可能藏在衣服里的蝎子，另外，在采集植物或捡东西的时候也要注意，因为蝎子可能就在脚下。被蝎子袭击后，轻者会有轻微不适感，重者可能会引起神经中毒，发生24～48小时内的暂时性麻痹，有极少数蝎子还可以致人死亡。

⑤毒蜘蛛咬伤

大部分蜘蛛是无毒的，对人体也不会有伤害，但

有少数蜘蛛有毒性，极少数毒性还很大，有些蜘蛛体内的液体可能会让皮肤产生过敏，如果发现沾染了蜘蛛体液，要及时擦去或是用水清洗。毒蜘蛛咬人后会使人产生剧痛、流汗、颤栗不止、虚弱无力等症状，有时还长达一个星期不能活动，但一般不会致命，毒蜘蛛咬人后，被咬者会出现局部苍白、发红、荨麻疹，重者可发生局部组织坏死或全身性症状。被毒蜘蛛咬伤后，应立即冲洗伤口，吸吮排毒，在近心端进行包扎，其处置方法与蛇伤相同。

▲ 毒蜘蛛

⑥毒蜂蛰刺

首先，接近森林或悬崖下草坡地时，要特别留心听声音看情况，如发现有蜂围绕在林边飞翔，或有蜂直飞钻入地下，一般可以判定附近有蜂巢，要赶快退回或绕道行走，不可盲目前进。如发现有蜂在人的前后左右或头顶绕飞，千万不要乱跑或扑打，最好是先静止不动再慢慢退回，等蜂飞回巢中报告情况时，赶快回头跑。如发现蜂群已开始进攻，最好的方法是继续快跑，使攻击蜂追不上，也可钻进草丛、竹林、灌木丛中，蹲低姿势，偷偷从背后方向逃跑。如果有潜水技能，也可快速潜入水中，潜行至蜂看不见的地方再出水逃跑。

一般情况下，蜂追到一定距离后就会停止追击。如果仍有少数蜂追击，可一面跑一面拿衣物在头顶上抡转，然后将衣服向前抛去，并赶快转换方向奔跑，使追击蜂上当。蜂蛰伤通常会出现伤口红肿疼痛、恶心、呕吐，重者导致休克。

被蜂蛰伤后，如蜂刺留在皮肤内，可用镊子或经过火消毒的针把蜂刺除去。如伤口红肿疼痛，可用肥皂水、淡石灰水外敷；也可用红花油、风油精、花露水外擦伤处或用火罐拔毒。民间常用的方法是用暖酒淋洗或急挠头垢涂抹，或用泡过的茶叶擦在痛处，均能达到止痛效果。有的地方还用黄土直接涂抹在伤处，以减轻疼痛，如伤者出现过敏休克，应让伤者仰卧，解开伤者颈部衣扣，松开腰带，保持呼吸畅通，如被群蜂蛰刺伤势严重，应迅速送医院救治。

⑦蜈蚣咬伤

被蜈蚣咬伤后，伤口局部会出现痒、红肿、疼痛等症状，应立即用20%肥皂水或5%～10%碳酸氢钠溶液（小苏打）来冲洗伤口，然后用中草药、鱼腥草、蒲公英等捣烂后外敷。被咬伤后应尽早到医院诊治。

⑧毒毛虫咬伤

毒毛虫，一般指鳞翅目昆虫体上有毒毛的幼虫，常见的毒毛虫有刺蛾幼虫，也称洋辣子，其毒毛与

▲ 蜈蚣

人体接触后，会使人感到火辣辣的痛；松毛虫有上万根毒毛，并与毒腺相通，刺入人体后毒液外溢，使皮肤发痒、红肿；桑毛虫在腹部有32个毒毛瘤，约200万根毒毛，皮肤一旦与其接触，会产生红肿、奇痒。被毒毛虫蛰后，应尽快用胶布（胶带纸、伤湿膏）贴在患处，然后迅速揭起粘出毒毛，反复多次，直至把所有毒毛除掉，然后用氨水、肥皂水等碱性液体涂在患处，也可用清凉油、风油精、止痒剂、龙紫胆（紫药水）涂擦。中草药白花蛇舌草、七叶一枝花洗净捣烂敷在发炎处，也有较好效果。如果症状较为严重，可口服扑尔敏，每次4毫克，每日3次。

⑨水蛭

又称蚂蟥，生活在水中，可吸取相当于它体重2～10倍的血液。其头部有一吸盘，吸附在人体皮肤上、咬破皮肤吸吮血液，并能分泌水蛭素，有麻醉和有抗凝血作用，造成出血不止。表现为局部皮肤痒、痛、出血，多处或长时间出血可出现头晕、心慌、恶心等症状。

一旦被水蛭叮咬在皮肤上，不要硬行外拉以免拉断，将吸盘留在皮肤内。一是用手掌连续拍击皮肤和虫体，迫使水蛭自行退出。二是也可用食盐、浓醋、酒精、烟油等涂于虫体表面，使其吸盘松弛而脱落。三是若出血不止，消毒创口后用清洁纱布包扎止血。此外，还可以把竹叶烧成碳，研细沫敷伤处，治水蛭叮伤流血不止效果好。

预防蚂蟥叮咬的方法：在蚂蟥较多的地区行动时，可用肥皂水或生姜汁涂抹鞋面、袖口或裸露的皮肤上。

7.2.6 防溺水与救护

在野外穿越河流、溪涧、湖泊、池塘、水库等地方时，一旦发生溺水，应尽快用打捞工具或用较长的竹竿、木棍、绳索、树枝或解下腰带、衣裤连接成长条扔给溺水者，待其抓住后，用力拖上岸。如会游泳，应迅速跳入水中救助。

衣着整齐者在水里挣扎，容易被察觉，如游泳时突然抽筋或体力不支时，就很难被人发现。溺水者自水中救出时，常呈现出呼吸困难、咳嗽，甚至呼吸、心跳停止。急救溺水者，现场复苏最为重要，应将溺水者救出后立即清除口腔鼻腔的呕吐物和泥沙等异物，保持呼吸道通畅，并将其舌头拉出，以免后翻堵塞呼吸道。可将溺水者腹部垫高，胸及头部下垂，或抱其双腿，腹部放在急救者肩部走动或跳动“倒水”。如呼吸困难或停止，应立即进行口对口或口对鼻的人工呼吸。如果心跳停止，应同时进行胸外心脏按压，清醒后，有条件时可让其饮用少量姜汤、咖啡、浓茶等。

溺水是非常危险的，溺水者在水中挣扎喘气时，水就进入气管，引致舌头后面称为会咽的软骨瓣痉挛，堵塞空气进入肺部。此时，如不对溺水者及时抢救，溺水者就会因窒息而死亡。据统计，呼吸停止3分钟可恢复的溺水者占75%，4分钟可恢复的占50%，而5分钟可恢复的只有25%。因此，一旦溺水，最要紧的是争取时间抓紧施救。对溺水者急救包括搬运、检查溺水者情况、清除口鼻中异物、排出腹水、人工呼吸、心脏按摩等环节。

一是清除异物。清除异物是实施后续抢救的前提，因为清除异物才能使排出腹水和进行人工呼吸成为可能。清除时，因溺水者咀嚼肌痉挛，牙关紧闭，口难张开，使口中的淤泥、杂物和呕吐物等堵塞住口腔，可用大拇指由后向前顶住溺水者的下颌关节，用力前推，同时食指和中指向下扳下颌骨，将口掰开，用镊子或筷子将口腔或喉部的杂物、淤泥等夹出。

二是排除腹水。排除腹水可采用如下方法：第一，膝上倒水法。救护员一腿下跪，另一腿屈膝，将溺水者腹部放在屈膝的腿上，一手抓住其头发，使溺水者的头上抬一点，一手用力下压背、腹部，使水排出。第二，提腹倒水法。救护员两手相交，拖住溺水者腹部，将溺水者头朝下提起，并有节奏地用力上下抖动，倒出腹水。第三，民间倒水法。溺水者卧伏锅上，腹部置于锅顶，头朝下，下颌抵在锅上，在溺水者背上给予一定的压力，以倒出腹水。

三是人工呼吸。溺水者呼吸十分微弱或处于窒息状态，应立即做人工呼吸。做法是：溺水者仰卧，头颈下垫上毛巾或衣物，使头部抬高，稍向后仰。一手拖住溺水者的下颚，另一手捏紧他的鼻孔，以免泄气，用嘴直接对着溺水者的嘴吹气，吹气依次完毕，救护员将头侧转吸入新鲜空气。待溺水者胸廓扩张后，停止吹气并松开鼻孔，用手压一下溺水者的胸廓，帮助他呼气。如此反复，每5秒钟左右吹一次气。溺水者没有开始自己呼吸前不要中止人工呼吸（许多溺水者需几个小时的人工呼吸后才得苏醒）。只要有心跳就应继续进行人工呼吸，直到自发性呼吸恢复为止。如果溺水者无心跳或心跳微弱时，需进行胸外心脏按压法，具体做法：溺水者仰卧，救护员跪在溺水者身旁，将一手掌置于溺水者的胸骨下端，另一手掌覆盖在上，两手掌重叠，两臂伸直，借助身体的重力，稳健有力地向下垂直加压，使溺水者胸骨下陷3～4厘米，压缩心脏，然后抬起手腕，使胸廓扩张，心脏舒张，有节奏地进行，每分钟约60次救助。

7.2.7 防自然灾害与救护

（1）预防水害与救护

水害是指一切与水有关的直接或间接伤害，包括：洪水、暴风雨、冰雹、急流、海啸等。

①面临上述灾害时的求生方法

在洪水到来时，如果是在坚固的建筑物里，可以爬到建筑物的上面，同样别忘了带上求生必需品。

在一般情况下，水往往是浅的地方急，深的地方缓；窄的地方急，宽的地方缓；陡的地方急，平的地方缓。所以急流往往出现在山坡、壶口、水道变窄处。

顺流斜下：如果被急流冲到宽阔的水域，水流会逐渐缓下来。这时应该是想办法上岸的时候了。游向岸时，不要横渡，更不能逆流，应该顺应水流方向，斜着向岸上游去。如果有漂浮物，就抱着漂浮物，用脚拍打水，这样拍打是有效果的。

先下后上：如果是处在有浪、旋涡的湍急区域，千万不要惊慌，也不要胡乱挣扎。扑腾上来以后马上深吸一口气，干脆就向水底扎去。水底巨大的翻腾力量会把人掀到很远的地方，并举上水面。

无论是否会游泳，先下后上的原则都适用。即使不在急流区域，在不需要呼吸的时候，把头放在水里都是节省体力的好方法。记住，身体在水里比例越大，浮力也就越大。

减少负担：尽量甩掉鞋子和吸水后比较笨重的衣物。口袋里如果装了很重或者吸水后很重的东西，即使很贵重也要放弃。

如果是在一只马上就要下沉的船上，应该提前下水，不要等到最后。因为船在沉没的最后时刻会形成巨大的旋涡，很危险。当然，下水之前别忘了穿好救生衣，或者找好可以信赖的漂浮物。

②救援方法

堵截搭救：在急流中，救援人员要跑向下游准备实施搭救。

抛物搭救：如果落水者意识清醒，可以向水中抛投漂浮物、绳子等物品。

下水搭救：不要盲目下水搭救落水者。因为救援者往往会被落水者牵连而发生意外。

如果你的水性很好，可以下水救援，但是，一定注意不要接近落水者。你可以伸过去一根木棒让他抓住，也可以递给他一个漂浮物，总之，一定要让他手里有的抓，而不是抓住你。

如果一旦发生被落水者抓住不放的情况，救助者可以马上潜水，落水者这时才有可能放手。

③预防措施

在野外宿营时，先看看这里是不是容易发水的地方。

去野外前，听听当地的天气预报。

雨季，不要在干涸的河床上宿营。既然是河床，就说明曾经是水道，现在是干的，下起雨来就不一定了。

在可以预料的洪水到来前，最简单的方法就是往高处跑，如果有时间，尽量带上火种、食物、衣服、可以信赖的漂浮物。这样，一旦跑不了，可以有个漂浮物做依靠。

没有高点，或者来不及跑向高点，应该马上寻找漂浮物，最好是方便固定或者是容易抓住的。

如果必须面对水里逃生，又不会游泳，下水前可用棉花或者软布等堵上鼻孔。这一方法十分必要。当人在水下缺氧时，会不由自主地做出吸入动作。

一般从鼻腔吸入的会直接进入肺部；从口腔吸入的气体会进入肺部，液体会受到阻碍而进入胃部，这就避免了呛水死亡。当然，这样只是能起到一定的作用，并不是解决了人可以长时间呆在水下的问题。

在暴风雨到来前，选好宿营地；用不透水的布包好备用的衣服；预备干燥的引火物同样重要。

（2）防泥石流与救护

雨季，地表水饱和后，多余的水分会汇集在一起，向低处流动。在坡度较大的山坡，水流会将已经被水浸泡得没有固着力的土壤、砂、石砾带走，并形成流体，向下流动。这种现象称为泥石流。

泥石流多发生在雨季，在雨中和雨后出现。有时，泥石流的流速很快，有很大的冲击力，可造成生命和财产的严重损失。

①求生方法

避免滑倒：泥石流最大的危险是埋葬、吞没低处的物体。如果人在泥石流中滑倒，很可能被接下来的泥石流吞没。所以，一定要保持身体的高度。站立不稳时，可依靠山坡上的树木，岩石保持体位。

避免撞击：如果泥石流较大，可能带动较大的石块冲下来，注意躲避。如果身边有比较大的树木或者岩石，可以躲在后面，以防石块撞击。

保护头部：想尽一切方法避免头部损伤，并防泥水呛入口中。

②救援方法

在山坡下方，发现有人被困在泥石流当中，又无法直接拉出来，可以通过挖掘泥石流的方法营救。挖掘时注意方向，应该从侧面挖掘，不要垂直挖，以免震动上面的泥石继续下滑，伤害救援人员。

在泥石流正在进行时，应该从侧面，垂直泥石流的方向直接或者间接拉出遇险者，不要顺着或逆着泥石流方向救援，以免越陷越深。

如果有人发生休克、昏迷，应及时检查是否发生骨折或脑损伤。

（3）防雷击与救护

雷击是天空中产生的闪电对人或其他物体的打击。雷击是一种自然现象，它是由雷暴引发的，雷暴是伴有雷声和闪电的天气现象，经常在积云中产生，若云层间、云地间、云和空气间的电位差增大到一定程度时，即发生猛烈的放电现象（闪电），雷击可以引发森林大火，可以造成人员伤亡。

雷电伤害和其他自然灾害相比有它的特殊性，一是时间短促。由于放电本身一般延续不到1秒钟，所以绝大多数雷电灾害是放电瞬间产生的。而且往往没有先兆，刹那间，人畜骤亡，设备损坏，防不胜防。二是遍及范围广，但仅局部受害，从雷电的地理分布来说，大多分布在北纬82°和南纬55°，多是局部伤害。三是发生频率高。据统计，地球上每秒钟就有近100次雷电发生，频率之高也是其他自然灾害无法比拟的。四是立体性强。天空中的飞机、升空的火箭及地面上的建筑物、人畜和高架的输电线路等都可能遭受雷电的危害，这是一般自然灾害所不具备的特点。

雷击对人体的威胁有两种途径，一种是闪电直接击中人体，另一种是流向闪击点周围的地下闪电电流大量进入人体。由于猎人经常身处野外活动，特别是雨季遭遇雷击的可能较大。因此，学会防范雷击的方法对每个猎人来讲显得尤为重要。为避免雷击，应做到：

一是在暴雨中行进时，不要接近避雷针、避雷器、高压线、高压铁塔、铁丝网、旗杆、大树、河边及无防雷装置的高大建筑或设施，以防雷击；也要避开动物的皮毛及棉花田等，因这类物体也易招雷击；也不要进入棚屋、岗亭等低矮建筑物，因为低矮的建筑物多没有防雷设施，并且大都在旷野中，位于地面上较高的部位，容易吸引闪电；遭遇暴雨时，不要在空旷的地带互相拉手奔跑，因为步子大，则两脚间便形成较大的电位差，通过身体的电压就大，容易伤人。

二是暴雨来临时，在水中游泳的人或水中作业的人员要迅速上岸，因为人体与地面接触越大，伤害率就越大，水面比陆地更易导电，必须尽快上岸脱离险境。上岸后千万不要在大树下穿着衣服，这是因为大树特别是在空旷地带的树木容易导电。如浙江省临海市杜桥镇30名农民遭到雷击，其中在4棵大水杉树下避雨的15人遭雷击死亡，教训非常深刻；也不要用铁把伞遮雨，以免其顶端尖状金属招致雷击。

三是打雷时要停止接打手机，以免遭遇雷电；雷击时，猎人若在室内，应距照明线、动力线、电话线、电视天线、金属门窗等1.5米以上，还要关闭门窗，防止球型雷侵入。

四是在暴雨中人员，要避免站在高处，要尽量远离山顶、高大的树木和四周没有任何东西的岩石，要待在低洼处和平地上，如感到雷电的击打迫近（皮肤感到刺痛，头发突然竖起），要马上蹲下来，先用手触地，然后弯腰至膝。雷电将来时，不要握着金属物品；如果不能离开高处，干燥的物质也可作为绝缘材料，要选择好干燥的物质坐在上面，不要坐在潮湿的地方，以避免雷电击打。

雷电对机体的损伤是复合伤，包括雷声对听觉系统的损伤、电能在体内转换成热能造成的创伤、伤员坠落或者着火等造成的继发性损伤，受到雷电击伤，轻者出现头晕、心悸、面色苍白，惊慌、四肢软弱和全身乏力，重者出现抽搐和休克，可伴有心律失常，并迅速转入“假死状态”，死亡率较高。局部主要为电烧伤，伴有大量组织坏死。

为最大限度地防止雷电伤带来的伤害，发生雷电伤后，应及时予以急救。一是神志清醒的轻伤员应卧床休息，但不要掉以轻心，因为少数伤员可出现迟发性假死，时间由几分钟到几天不等。二是对呼吸、心跳停止的伤员，应进行心、肺、脑复苏。三是在复苏过程中，发现其他严重损伤时，应同时加以处理。四是复苏成功后，仍应严密监护病情，有烧伤者要对烧伤创面进行妥善包扎处理。

7.3 猎人规范

一个合格的猎人除了熟练和正确使用狩猎工具之

外，还应该掌握在不同狩猎环境下的安全常识和规则，同时遵守不同地区和国家对狩猎的地方法规。孔夫子曰：“名不正，则言不顺，言不顺，则事不成。”这句话用在猎人身上，是再合适不过了。

7.3.1 树立自然保护理念

时刻牢记参与狩猎活动的目的是支持野生动物保护、维护生态平衡，自觉接受保护培训，严格在科学、规范的框架下安排、参与狩猎活动，有效发挥狩猎活动在调控野生动物种群、维护生态平衡中的作用，并大力支持、参与保护行动，广泛传播科学、规范狩猎有助于野生动物保护的知识，坚决抵制乱捕滥猎、污染自然环境等破坏野生动物种群及其生态系统的行为，及时举报违法狩猎行为，树立猎人的良好形象。

7.3.2 遵守法律法规和国际公约

主动学习掌握有关野生动物保护和狩猎管理的法律法规和国际公约，依法申领狩猎证、特许猎捕证或证明，严格按批准地点、种类、数量、期限、方法安排狩猎活动，切实防止误猎、超数量狩猎野生动物的情况。狩猎活动结束后，严格按照法律法规的规定向野生动物保护主管部门备案和国际公约的有关规定实施对猎获物的处理、运输和进出口，避免随意处理和违规携带野生动物产品等行为。

7.3.3 牢记安全要领

切实掌握安全狩猎和应对各种风险的各项知识，严格按要求做好前期准备，确保装备齐全、保障充分，并严格按要求携带使用枪支弹药，野外活动结伴实施，面对突发意外不慌张、不逃避，严格按照相应的安全要领开展自救和呼救，保障生命财产安全。

7.3.4 尊重狩猎传统和礼仪

认真了解狩猎地传统狩猎文化、习俗和礼仪，加强交流，增进相互理解，自觉避免有悖于当地狩猎传统和礼仪的言论和行为，积极传承狩猎传统和文化，提升中国猎人的形象和声誉。

7.3.5 尊重野生动物

坚决摒弃以折磨、残害、虐待野生动物为乐的变态心理，提高狩猎技能，努力实现在有效射程内对狩猎个体要害部位达到一击毙命的效果，最大程度地减少猎物死前遭受的痛苦；对受伤逃走的猎物要尽心尽力去寻找，不能轻易放弃；对猎获的野生动物表现尊重，不随意遗弃，也不以脚踢、践踏、粗暴拖拽等侮辱、蔑视方式对待猎物躯体，照相留念时体现尊重姿态。尽可能利用猎获物身体，不浪费资源。处理完猎获物后的场地要妥善清理，对放弃利用的四肢、内脏、骨骼等器官按规定放置，对掉落的皮毛、血渍、擦拭纸张等妥善掩埋，不随意遗弃在地面。

7.3.6 强化团结互助精神

猎人是个特殊的群体，对狩猎活动的意义具有共同的认识，尤其是在森林原野的狩猎经历中面临共同的挑战，还常常面临安全风险，特别需要协调行动、相互帮助，共同建立起新的友谊。在此基础上，猎人日常生活中应加强联谊，进一步深化友谊和互助精神，这将对人生事业产生积极的意义。

7.3.7 维护猎人荣誉

野生动物保护与狩猎的关系，涵盖了十分复杂的专业知识，导致大量社会非专业人士对一切狩猎活动的反对态度，这常常是猎人必须面对的一大难题。针对上述情况，猎人要本着求同存异的精神，认真解释科学原理，客观介绍通过狩猎活动实现的生态效益和对偏远不发达地区的经济效益，并通过热心参与保护行动、开展保护宣传等方式，向社会展示猎人保护野生动物、帮助贫困群体的善良、美好愿望。日常生活中，猎人要言论得体、举止文明、风度端庄、讲究礼仪，不在公开场合处理猎物，在公共场合不穿带血迹的衣服或野外服装，不夸谈狩猎经历，不将猎物绑在车顶招摇过市，不炫耀、不张扬，把自己塑造成低调稳重、乐于助人、心态善良、热心野生动物保护的良好形象，广泛争取社会的理解、认同和尊敬，维护猎人保护野生动物、传承狩猎文化的荣誉。

参考文献

[1] 马建章. 野生动物管理学[M]. 哈尔滨：东北林业大学出版社，2004.
[2] 王洪杰. 张希武, 岳仲明. 中华人民共和国野生动物保护法释义[M]. 北京：中国民主法治出版社，2016.
[3] 王海滨. 猎人培训手册[M]. 北京：中国林业出版社，2015.
[4] 戴维·匹曹，菲尔·布杰利，程金花. 枪械狩猎完全手册[M]. 北京：北京科学技术出版社，2014.
[5] 张伟. 野生动物产业管理学[M]. 哈尔滨：东北林业大学出版社，2012.

附录

附录一：

中华人民共和国野生动物保护法

（1988年11月8日第七届全国人民代表大会常务委员会第四次会议通过　根据2004年8月28日第十届全国人民代表大会常务委员会第十一次会议《关于修改〈中华人民共和国野生动物保护法〉的决定》第一次修正　根据2009年8月27日第十一届全国人民代表大会常务委员会第十次会议《关于修改部分法律的决定》第二次修正　2016年7月2日第十二届全国人民代表大会常务委员会第二十一次会议第一次修订　根据2018年10月26日第十三届全国人民代表大会常务委员会第六次会议《关于修改〈中华人民共和国野生动物保护法〉等十五部法律的决定》第三次修正　2022年12月30日第十三届全国人民代表大会常务委员会第三十八次会议第二次修订）

第一章　总　则

第一条　为了保护野生动物，拯救珍贵、濒危野生动物，维护生物多样性和生态平衡，推进生态文明建设，促进人与自然和谐共生，制定本法。

第二条　在中华人民共和国领域及管辖的其他海域，从事野生动物保护及相关活动，适用本法。

本法规定保护的野生动物，是指珍贵、濒危的陆生、水生野生动物和有重要生态、科学、社会价值的陆生野生动物。

本法规定的野生动物及其制品，是指野生动物的整体（含卵、蛋）、部分及衍生物。

珍贵、濒危的水生野生动物以外的其他水生野生动物的保护，适用《中华人民共和国渔业法》等有关法律的规定。

第三条　野生动物资源属于国家所有。

国家保障依法从事野生动物科学研究、人工繁育等保护及相关活动的组织和个人的合法权益。

第四条　国家加强重要生态系统保护和修复，对野生动物实行保护优先、规范利用、严格监管的原则，鼓励和支持开展野生动物科学研究与应用，秉持生态文明理念，推动绿色发展。

第五条　国家保护野生动物及其栖息地。县级以上人民政府应当制定野生动物及其栖息地相关保护规划和措施，并将野生动物保护经费纳入预算。

国家鼓励公民、法人和其他组织依法通过捐赠、资助、志愿服务等方式参与野生动物保护活动，支持野生动物保护公益事业。

本法规定的野生动物栖息地，是指野生动物野外种群生息繁衍的重要区域。

第六条 任何组织和个人有保护野生动物及其栖息地的义务。禁止违法猎捕、运输、交易野生动物，禁止破坏野生动物栖息地。

社会公众应当增强保护野生动物和维护公共卫生安全的意识，防止野生动物源性传染病传播，抵制违法食用野生动物，养成文明健康的生活方式。

任何组织和个人有权举报违反本法的行为，接到举报的县级以上人民政府野生动物保护主管部门和其他有关部门应当及时依法处理。

第七条 国务院林业草原、渔业主管部门分别主管全国陆生、水生野生动物保护工作。

县级以上地方人民政府对本行政区域内野生动物保护工作负责，其林业草原、渔业主管部门分别主管本行政区域内陆生、水生野生动物保护工作。

县级以上人民政府有关部门按照职责分工，负责野生动物保护相关工作。

第八条 各级人民政府应当加强野生动物保护的宣传教育和科学知识普及工作，鼓励和支持基层群众性自治组织、社会组织、企业事业单位、志愿者开展野生动物保护法律法规、生态保护等知识的宣传活动；组织开展对相关从业人员法律法规和专业知识培训；依法公开野生动物保护和管理信息。

教育行政部门、学校应当对学生进行野生动物保护知识教育。

新闻媒体应当开展野生动物保护法律法规和保护知识的宣传，并依法对违法行为进行舆论监督。

第九条 在野生动物保护和科学研究方面成绩显著的组织和个人，由县级以上人民政府按照国家有关规定给予表彰和奖励。

第二章　野生动物及其栖息地保护

第十条 国家对野生动物实行分类分级保护。

国家对珍贵、濒危的野生动物实行重点保护。国家重点保护的野生动物分为一级保护野生动物和二级保护野生动物。国家重点保护野生动物名录，由国务院野生动物保护主管部门组织科学论证评估后，报国务院批准公布。

有重要生态、科学、社会价值的陆生野生动物名录，由国务院野生动物保护主管部门征求国务院农业农村、自然资源、科学技术、生态环境、卫生健康等部门意见，组织科学论证评估后制定并公布。

地方重点保护野生动物，是指国家重点保护野生动物以外，由省、自治区、直辖市重点保护的野生动物。地方重点保护野生动物名录，由省、自治区、直辖市人民政府组织科学论证评估，征求国务院野生动物保护主管部门意见后制定、公布。

对本条规定的名录，应当每五年组织科学论证评估，根据论证评估情况进行调整，也可以根据野生动物保护的实际需要及时进行调整。

第十一条 县级以上人民政府野生动物保护主管部门应当加强信息技术应用，定期组织或者委托有关科学研究机构对野生动物及其栖息地状况进行调查、监测和评估，建立健全野生动物及其栖息地档案。

对野生动物及其栖息地状况的调查、监测和评估应当包括下列内容：

（一）野生动物野外分布区域、种群数量及结构；

（二）野生动物栖息地的面积、生态状况；

（三）野生动物及其栖息地的主要威胁因素；

（四）野生动物人工繁育情况等其他需要调查、监测和评估的内容。

第十二条 国务院野生动物保护主管部门应当会同国务院有关部门，根据野生动物及其栖息地状况的调查、监测和评估结果，确定并发布野生动物重要栖息地名录。

省级以上人民政府依法将野生动物重要栖息地划入国家公园、自然保护区等自然保护地，保护、恢复和改善野生动物生存环境。对不具备划定自然保护地条件的，县级以上人民政府可以采取划定禁猎（渔）区、规定禁猎（渔）期等措施予以保护。

禁止或者限制在自然保护地内引入外来物种、营造单一纯林、过量施洒农药等人为干扰、威胁野生动物生息繁衍的行为。

自然保护地依照有关法律法规的规定划定和管理，野生动物保护主管部门依法加强对野生动物及其栖息地的保护。

第十三条 县级以上人民政府及其有关部门在编制有关开发利用规划时，应当充分考虑野生动物及其栖息地保护的需要，分析、预测和评估规划实施可能对野生动物及其栖息地保护产生的整体影响，避免或者减少规划实施可能造成的不利后果。

禁止在自然保护地建设法律法规规定不得建设的项目。机场、铁路、公路、航道、水利水电、风电、光伏发电、围堰、围填海等建设项目的选址选线，应当避让自然保护地以及其他野生动物重要栖息地、迁徙洄游通道；确实无法避让的，应当采取修建野生动物通道、过鱼设施等措施，消除或者减少对野生动物的不利影响。

建设项目可能对自然保护地以及其他野生动物重要栖息地、迁徙洄游通道产生影响的，环境影响评价文件的审批部门在审批环境影响评价文件时，涉及国家重点保护野生动物的，应当征求国务院野生动物保护主管部门意见；涉及地方重点保护野生动物的，应当征求省、自治区、直辖市人民政府野生动物保护主管部门意见。

第十四条 各级野生动物保护主管部门应当监测环境对野生动物的影响，发现环境影响对野生动物造成危害时，应当会同有关部门及时进行调查处理。

第十五条 国家重点保护野生动物和有重要生态、科学、社会价值的陆生野生动物或者地方重点保护野生动物受到自然灾害、重大环境污染事故等突发事件威胁时，当地人民政府应当及时采取应急救助措施。

国家加强野生动物收容救护能力建设。县级以上人民政府野生动物保护主管部门应当按照国家有关规定组织开展野生动物收容救护工作，加强对社会组织开展野生动物收容救护工作的规范和指导。

收容救护机构应当根据野生动物收容救护的实际需要，建立收容救护场所，配备相应的专业技术人员、救护工具、设备和药品等。

禁止以野生动物收容救护为名买卖野生动物及其制品。

第十六条 野生动物疫源疫病监测、检疫和与人畜共患传染病有关的动物传染病的防治管理，适用《中华人民共和国动物防疫法》等有关法律法规的规定。

第十七条 国家加强对野生动物遗传资源的保护，对濒危野生动物实施抢救性保护。

国务院野生动物保护主管部门应当会同国务院有关部门制定有关野生动物遗传资源保护和利用规划，建立国家野生动物遗传资源基因库，对原产我国的珍贵、濒危野生动物遗传资源实行重点保护。

第十八条 有关地方人民政府应当根据实际情况和需要建设隔离防护设施、设置安全警示标志等，预防野生动物可能造成的危害。

县级以上人民政府野生动物保护主管部门根据野生动物及其栖息地调查、监测和评估情况，对种群数量明显超过环境容量的物种，可以采取迁地保护、猎捕等种群调控措施，保障人身财产安全、生态安全和农业生产。对种群调控猎捕的野生动物按照国家有关规定进行处理和综合利用。种群调控的具体办法由国务院野生动物保护主管部门会同国务院有关部门制定。

第十九条 因保护本法规定保护的野生动物，造成人员伤亡、农作物或者其他财产损失的，由当地人民政府给予补偿。具体办法由省、自治区、直辖市人民政府制定。有关地方人民政府可以推动保险机构开展野生动物致害赔偿保险业务。

有关地方人民政府采取预防、控制国家重点保护野生动物和其他致害严重的陆生野生动物造成危害的措施以及实行补偿所需经费，由中央财政予以补助。具体办法由国务院财政部门会同国务院野生动物保护主管部门制定。

在野生动物危及人身安全的紧急情况下，采取措施造成野生动物损害的，依法不承担法律责任。

第三章　野生动物管理

第二十条 在自然保护地和禁猎（渔）区、禁猎（渔）期内，禁止猎捕以及其他妨碍野生动物生息繁衍的活动，但法律法规另有规定的除外。

野生动物迁徙洄游期间，在前款规定区域外的迁徙洄游通道内，禁止猎捕并严格限制其他妨碍野生动物生息繁衍的活动。县级以上人民政府或者其野生动物保护主管部门应当规定并公布迁徙洄游通道的范围以及妨碍野生动物生息繁衍活动的内容。

第二十一条 禁止猎捕、杀害国家重点保护野生动物。

因科学研究、种群调控、疫源疫病监测或者其他特殊情况，需要猎捕国家一级保护野生动物的，应当向国务院野生动物保护主管部门申请特许猎捕证；需要猎捕国家二级保护野生动物的，应当向省、自治区、直辖市人民政府野生动物保护主管部门申请特许猎捕证。

第二十二条 猎捕有重要生态、科学、社会价值的陆生野生动物和地方重点保护野生动物的，应当依法取得县级以上地方人民政府野生动物保护主管部门核发的狩猎证，并服从猎捕量限额管理。

第二十三条 猎捕者应当严格按照特许猎捕证、狩猎证规定的种类、数量或者限额、地点、工具、方法和期限进行猎捕。猎捕作业完成后，应当将猎捕情况向核发特许猎捕证、狩猎证的野生动物保护主管部门备案。具体办法由国务院野生动物保护主管部门制定。猎捕国家重点保护野生动物应当由专业机构和人员承担；猎捕有重要生态、科学、社会价值的陆生野生动物，有条件的地方可以由专业机构有组织开展。

持枪猎捕的，应当依法取得公安机关核发的持枪证。

第二十四条 禁止使用毒药、爆炸物、电击或者电子诱捕装置以及猎套、猎夹、捕鸟网、地枪、排铳等工具进行猎捕，禁止使用夜间照明行猎、歼灭性围猎、捣毁巢穴、火攻、烟熏、网捕等方法进行猎捕，但因物种保护、科学研究确需网捕、电子诱捕以及植保作业等除外。

前款规定以外的禁止使用的猎捕工具和方法，由县级以上地方人民政府规定并公布。

第二十五条 人工繁育野生动物实行分类分级管理，严格保护和科学利用野生动物资源。国家支持有关科学研究机构因物种保护目的人工繁育国家重点保护野生动物。

人工繁育国家重点保护野生动物实行许可制度。人工繁育国家重点保护野生动物的，应当经省、自治区、直辖市人民政府野生动物保护主管部门批准，取得人工繁育许可证，但国务院对批准机关另有规定的除外。

人工繁育有重要生态、科学、社会价值的陆生野生动物的，应当向县级人民政府野生动物保护主管部门备案。

人工繁育野生动物应当使用人工繁育子代种源，建立物种系谱、繁育档案和个体数据。因物种保护目的确需采用野外种源的，应当遵守本法有关猎捕野生动物的规定。

本法所称人工繁育子代，是指人工控制条件下繁殖出生的子代个体且其亲本也在人工控制条件下出生。

人工繁育野生动物的具体管理办法由国务院野生动物保护主管部门制定。

第二十六条 人工繁育野生动物应当有利于物种保护及其科学研究，不得违法猎捕野生动物，破坏野外种群资源，并根据野生动物习性确保其具有必要的活动空间和生息繁衍、卫生健康条件，具备与其繁育目的、种类、发展规模相适应的场所、设施、技术，符合有关技术标准和防疫要求，不得虐待野生动物。

省级以上人民政府野生动物保护主管部门可以根据保护国家重点保护野生动物的需要，组织开展国家重点保护野生动物放归野外环境工作。

前款规定以外的人工繁育的野生动物放归野外环境的，适用本法有关放生野生动物管理的规定。

第二十七条 人工繁育野生动物应当采取安全措施，防止野生动物伤人和逃逸。人工繁育的野生动物造成他人损害、危害公共安全或者破坏生态的，饲养人、管理人等应当依法承担法律责任。

第二十八条 禁止出售、购买、利用国家重点保护野生动物及其制品。

因科学研究、人工繁育、公众展示展演、文物保护或者其他特殊情况，需要出售、购买、利用国家重点保护野生动物及其制品的，应当经省、自治区、直辖市人民政府野生动物保护主管部门批准，并按照规定取得和使用专用标识，保证可追溯，但国务院对批准机关另有规定的除外。

出售、利用有重要生态、科学、社会价值的陆生野生动物和地方重点保护野生动物及其制品的，应当提供狩猎、人工繁育、进出口等合法来源证明。

实行国家重点保护野生动物和有重要生态、科学、社会价值的陆生野生动物及其制品专用标识的范围和管理办法，由国务院野生动物保护主管部门规定。

出售本条第二款、第三款规定的野生动物的，还应当依法附有检疫证明。

利用野生动物进行公众展示展演应当采取安全管理措施，并保障野生动物健康状态，具体管理办法由国务院野生动物保护主管部门会同国务院有关部门制定。

第二十九条 对人工繁育技术成熟稳定的国家重点保护野生动物或者有重要生态、科学、社会价值的陆生野生动物，经科学论证评估，纳入国务院野生动物保护主管部门制定的人工繁育国家重点保护野生动物名录或者有重要生态、科学、社会价值的陆生野生动物名录，并适时调整。对列入名录的野生动物及其制品，可以凭人工繁育许可证或者备案，按照省、自治区、直辖市人民政府野生动物保护主管部门或者其授权的部门核验的年度生产数量直接取得专用标识，凭专用标识出售和利用，保证可追溯。

对本法第十条规定的国家重点保护野生动物名录和有重要生态、科学、社会价值的陆生野生动物名录进行调整时，根据有关野外种群保护情况，可以对前款规定的有关人工繁育技术成熟稳定野生动物的人工种群，不再列入国家重点保护野生动物名录和有重要生态、科学、社会价值的陆生野生动物名录，实行与野外种群不同的管理措施，但应当依照本法第二十五条第二款、第三款和本条第一款的规定取得人工繁育许可证或者备案和专用标识。

对符合《中华人民共和国畜牧法》第十二条第二款规定的陆生野生动物人工繁育种群，经科学论证评估，可以列入畜禽遗传资源目录。

第三十条 利用野生动物及其制品的，应当以人工繁育种群为主，有利于野外种群养护，符合生态文明建设的要求，尊重社会公德，遵守法律法规和国家有关规定。

野生动物及其制品作为药品等经营和利用的，还应当遵守《中华人民共和国药品管理法》等有关法律法规的规定。

第三十一条 禁止食用国家重点保护野生动物和国家保护的有重要生态、科学、社会价值的陆生野生动物以及其他陆生野生动物。

禁止以食用为目的猎捕、交易、运输在野外环境自然生长繁殖的前款规定的野生动物。

禁止生产、经营使用本条第一款规定的野生动物及其制品制作的食品。

禁止为食用非法购买本条第一款规定的野生动物及其制品。

第三十二条 禁止为出售、购买、利用野生动物或者禁止使用的猎捕工具发布广告。禁止为违法出售、购买、利用野生动物制品发布广告。

第三十三条 禁止网络平台、商品交易市场、餐饮场所等，为违法出售、购买、食用及利用野生动物及其制品或者禁止使用的猎捕工具提供展示、交易、消费服务。

第三十四条 运输、携带、寄递国家重点保护野生动物及其制品，或者依照本法第二十九条第二款规定调出国家重点保护野生动物名录的野生动物及其制品出县境的，应当持有或者附有本法第二十一条、第二十五条、第二十八条或者第二十九条规定的许可证、批准文件的副本或者专用标识。

运输、携带、寄递有重要生态、科学、社会价值的陆生野生动物和地方重点保护野生动物，或者依照本法第二十九条第二款规定调出有重要生态、科学、社会价值的陆生野生动物名录的野生动物出县境的，应当持有狩猎、人工繁育、进出口等合法来源证明或者专用标识。

运输、携带、寄递前两款规定的野生动物出县境的，还应当依照《中华人民共和国动物防疫法》的规定附有检疫证明。

铁路、道路、水运、民航、邮政、快递等企业对托运、携带、交寄野生动物及其制品的，应当查验其相关证件、文件副本或者专用标识，对不符合规定的，不得承运、寄递。

第三十五条 县级以上人民政府野生动物保护主管部门应当对科学研究、人工繁育、公众展示展演等利用野生动物及其制品的活动进行规范和监督管理。

市场监督管理、海关、铁路、道路、水运、民航、邮政等部门应当按照职责分工对野生动物及其制品交易、利用、运输、携带、寄递等活动进行监督检查。

国家建立由国务院林业草原、渔业主管部门牵头，各相关部门配合的野生动物联合执法工作协调机制。地方人民政府建立相应联合执法工作协调机制。

县级以上人民政府野生动物保护主管部门和其他负有野生动物保护职责的部门发现违法事实涉嫌犯罪的，应当将犯罪线索移送具有侦查、调查职权的机关。

公安机关、人民检察院、人民法院在办理野生动物保护犯罪案件过程中认为没有犯罪事实，或者犯罪事实显著轻微，不需要追究刑事责任，但应当予以行政处罚的，应当及时将案件移送县级以上人民政府野生动物保护主管部门和其他负有野生动物保护职责的部门，有关部门应当依法处理。

第三十六条 县级以上人民政府野生动物保护主管部门和其他负有野生动物保护职责的部门，在履行本法规定的职责时，可以采取下列措施：

（一）进入与违反野生动物保护管理行为有关的场所进行现场检查、调查；

（二）对野生动物进行检验、检测、抽样取证；

（三）查封、复制有关文件、资料，对可能被转移、销毁、隐匿或者篡改的文件、资料予以封存；

（四）查封、扣押无合法来源证明的野生动物及其制品，查封、扣押涉嫌非法猎捕野生动物或者非法收购、出售、加工、运输猎捕野生动物及其制品的工具、设备或者财物。

第三十七条　中华人民共和国缔结或者参加的国际公约禁止或者限制贸易的野生动物或者其制品名录，由国家濒危物种进出口管理机构制定、调整并公布。

进出口列入前款名录的野生动物或者其制品，或者出口国家重点保护野生动物或者其制品的，应当经国务院野生动物保护主管部门或者国务院批准，并取得国家濒危物种进出口管理机构核发的允许进出口证明书。海关凭允许进出口证明书办理进出境检疫，并依法办理其他海关手续。

涉及科学技术保密的野生动物物种的出口，按照国务院有关规定办理。

列入本条第一款名录的野生动物，经国务院野生动物保护主管部门核准，按照本法有关规定进行管理。

第三十八条　禁止向境外机构或者人员提供我国特有的野生动物遗传资源。开展国际科学研究合作的，应当依法取得批准，有我国科研机构、高等学校、企业及其研究人员实质性参与研究，按照规定提出国家共享惠益的方案，并遵守我国法律、行政法规的规定。

第三十九条　国家组织开展野生动物保护及相关执法活动的国际合作与交流，加强与毗邻国家的协作，保护野生动物迁徙通道；建立防范、打击野生动物及其制品的走私和非法贸易的部门协调机制，开展防范、打击走私和非法贸易行动。

第四十条　从境外引进野生动物物种的，应当经国务院野生动物保护主管部门批准。从境外引进列入本法第三十七条第一款名录的野生动物，还应当依法取得允许进出口证明书。海关凭进口批准文件或者允许进出口证明书办理进境检疫，并依法办理其他海关手续。

从境外引进野生动物物种的，应当采取安全可靠的防范措施，防止其进入野外环境，避免对生态系统造成危害；不得违法放生、丢弃，确需将其放生至野外环境的，应当遵守有关法律法规的规定。

发现来自境外的野生动物对生态系统造成危害的，县级以上人民政府野生动物保护等有关部门应当采取相应的安全控制措施。

第四十一条　国务院野生动物保护主管部门应当会同国务院有关部门加强对放生野生动物活动的规范、引导。任何组织和个人将野生动物放生至野外环境，应当选择适合放生地野外生存的当地物种，不得干扰当地居民的正常生活、生产，避免对生态系统造成危害。具体办法由国务院野生动物保护主管部门制定。随意放生野生动物，造成他人人身、财产损害或者危害生态系统的，依法承担法律责任。

第四十二条　禁止伪造、变造、买卖、转让、租借特许猎捕证、狩猎证、人工繁育许可证及专用标识，出售、购买、利用国家重点保护野生动物及其制品的批准文件，或者允许进出口证明书、进出口等批准文件。

前款规定的有关许可证书、专用标识、批准文件的发放有关情况，应当依法公开。

第四十三条 外国人在我国对国家重点保护野生动物进行野外考察或者在野外拍摄电影、录像，应当经省、自治区、直辖市人民政府野生动物保护主管部门或者其授权的单位批准，并遵守有关法律法规的规定。

第四十四条 省、自治区、直辖市人民代表大会或者其常务委员会可以根据地方实际情况制定对地方重点保护野生动物等的管理办法。

第四章 法律责任

第四十五条 野生动物保护主管部门或者其他有关部门不依法作出行政许可决定，发现违法行为或者接到对违法行为的举报不依法处理，或者有其他滥用职权、玩忽职守、徇私舞弊等不依法履行职责的行为的，对直接负责的主管人员和其他直接责任人员依法给予处分；构成犯罪的，依法追究刑事责任。

第四十六条 违反本法第十二条第三款、第十三条第二款规定的，依照有关法律法规的规定处罚。

第四十七条 违反本法第十五条第四款规定，以收容救护为名买卖野生动物及其制品的，由县级以上人民政府野生动物保护主管部门没收野生动物及其制品、违法所得，并处野生动物及其制品价值二倍以上二十倍以下罚款，将有关违法信息记入社会信用记录，并向社会公布；构成犯罪的，依法追究刑事责任。

第四十八条 违反本法第二十条、第二十一条、第二十三条第一款、第二十四条第一款规定，有下列行为之一的，由县级以上人民政府野生动物保护主管部门、海警机构和有关自然保护地管理机构按照职责分工没收猎获物、猎捕工具和违法所得，吊销特许猎捕证，并处猎获物价值二倍以上二十倍以下罚款；没有猎获物或者猎获物价值不足五千元的，并处一万元以上十万元以下罚款；构成犯罪的，依法追究刑事责任：

（一）在自然保护地、禁猎（渔）区、禁猎（渔）期猎捕国家重点保护野生动物；

（二）未取得特许猎捕证、未按照特许猎捕证规定猎捕、杀害国家重点保护野生动物；

（三）使用禁用的工具、方法猎捕国家重点保护野生动物。

违反本法第二十三条第一款规定，未将猎捕情况向野生动物保护主管部门备案的，由核发特许猎捕证、狩猎证的野生动物保护主管部门责令限期改正；逾期不改正的，处一万元以上十万元以下罚款；情节严重的，吊销特许猎捕证、狩猎证。

第四十九条 违反本法第二十条、第二十二条、第二十三条第一款、第二十四条第一款规定，有下列行为之一的，由县级以上地方人民政府野生动物保护主管部门和有关自然保护地管理机构按照职责分工没收猎获物、猎捕工具和违法所得，吊销狩猎证，并处猎获物价值一倍以上十倍以下罚款；没有猎获物或者猎获物价值不足二千元的，并处二千元以上二万元以下罚款；构成犯罪的，依法追究刑事责任：

（一）在自然保护地、禁猎（渔）区、禁猎（渔）期猎捕有重要生态、科学、社会价值的陆生野生动物或者地方重点保护野生动物；

（二）未取得狩猎证、未按照狩猎证规定猎捕有重要生态、科学、社会价值的陆生野生动物或者地方重点保护野生动物；

（三）使用禁用的工具、方法猎捕有重要生态、科学、社会价值的陆生野生动物或者地方重点保护野生动物。

违反本法第二十条、第二十四条第一款规定，在自然保护地、禁猎区、禁猎期或者使用禁用的工具、方法猎捕其他陆生野生动物，破坏生态的，由县级以上地方人民政府野生动物保护主管部门和有关自然保护地管理机构按照职责分工没收猎获物、猎捕工具和违法所得，并处猎获物价值一倍以上三倍以下罚款；没有猎获物或者猎获物价值不足一千元的，并处一千元以上三千元以下罚款；构成犯罪的，依法追究刑事责任。

违反本法第二十三条第二款规定，未取得持枪证持枪猎捕野生动物，构成违反治安管理行为的，还应当由公安机关依法给予治安管理处罚；构成犯罪的，依法追究刑事责任。

第五十条　违反本法第三十一条第二款规定，以食用为目的猎捕、交易、运输在野外环境自然生长繁殖的国家重点保护野生动物或者有重要生态、科学、社会价值的陆生野生动物的，依照本法第四十八条、第四十九条、第五十二条的规定从重处罚。

违反本法第三十一条第二款规定，以食用为目的猎捕在野外环境自然生长繁殖的其他陆生野生动物的，由县级以上地方人民政府野生动物保护主管部门和有关自然保护地管理机构按照职责分工没收猎获物、猎捕工具和违法所得；情节严重的，并处猎获物价值一倍以上五倍以下罚款，没有猎获物或者猎获物价值不足二千元的，并处二千元以上一万元以下罚款；构成犯罪的，依法追究刑事责任。

违反本法第三十一条第二款规定，以食用为目的交易、运输在野外环境自然生长繁殖的其他陆生野生动物的，由县级以上地方人民政府野生动物保护主管部门和市场监督管理部门按照职责分工没收野生动物；情节严重的，并处野生动物价值一倍以上五倍以下罚款；构成犯罪的，依法追究刑事责任。

第五十一条　违反本法第二十五条第二款规定，未取得人工繁育许可证，繁育国家重点保护野生动物或者依照本法第二十九条第二款规定调出国家重点保护野生动物名录的野生动物的，由县级以上人民政府野生动物保护主管部门没收野生动物及其制品，并处野生动物及其制品价值一倍以上十倍以下罚款。

违反本法第二十五条第三款规定，人工繁育有重要生态、科学、社会价值的陆生野生动物或者依照本法第二十九条第二款规定调出有重要生态、科学、社会价值的陆生野生动物名录的野生动物未备案的，由县级人民政府野生动物保护主管部门责令限期改正；逾期不改正的，处五百元以上二千元以下罚款。

第五十二条 违反本法第二十八条第一款和第二款、第二十九条第一款、第三十四条第一款规定，未经批准、未取得或者未按照规定使用专用标识，或者未持有、未附有人工繁育许可证、批准文件的副本或者专用标识出售、购买、利用、运输、携带、寄递国家重点保护野生动物及其制品或者依照本法第二十九条第二款规定调出国家重点保护野生动物名录的野生动物及其制品的，由县级以上人民政府野生动物保护主管部门和市场监督管理部门按照职责分工没收野生动物及其制品和违法所得，责令关闭违法经营场所，并处野生动物及其制品价值二倍以上二十倍以下罚款；情节严重的，吊销人工繁育许可证、撤销批准文件、收回专用标识；构成犯罪的，依法追究刑事责任。

违反本法第二十八条第三款、第二十九条第一款、第三十四条第二款规定，未持有合法来源证明或者专用标识出售、利用、运输、携带、寄递有重要生态、科学、社会价值的陆生野生动物、地方重点保护野生动物或者依照本法第二十九条第二款规定调出有重要生态、科学、社会价值的陆生野生动物名录的野生动物及其制品的，由县级以上地方人民政府野生动物保护主管部门和市场监督管理部门按照职责分工没收野生动物，并处野生动物价值一倍以上十倍以下罚款；构成犯罪的，依法追究刑事责任。

违反本法第三十四条第四款规定，铁路、道路、水运、民航、邮政、快递等企业未按照规定查验或者承运、寄递野生动物及其制品的，由交通运输、铁路监督管理、民用航空、邮政管理等相关主管部门按照职责分工没收违法所得，并处违法所得一倍以上五倍以下罚款；情节严重的，吊销经营许可证。

第五十三条 违反本法第三十一条第一款、第四款规定，食用或者为食用非法购买本法规定保护的野生动物及其制品的，由县级以上人民政府野生动物保护主管部门和市场监督管理部门按照职责分工责令停止违法行为，没收野生动物及其制品，并处野生动物及其制品价值二倍以上二十倍以下罚款；食用或者为食用非法购买其他陆生野生动物及其制品的，责令停止违法行为，给予批评教育，没收野生动物及其制品，情节严重的，并处野生动物及其制品价值一倍以上五倍以下罚款；构成犯罪的，依法追究刑事责任。

违反本法第三十一条第三款规定，生产、经营使用本法规定保护的野生动物及其制品制作的食品的，由县级以上人民政府野生动物保护主管部门和市场监督管理部门按照职责分工责令停止违法行为，没收野生动物及其制品和违法所得，责令关闭违法经营场所，并处违法所得十五倍以上三十倍以下罚款；生产、经营使用其他陆生野生动物及其制品制作的食品的，给予批评教育，没收野生动物及其制品和违法所得，情节严重的，并处违法所得一倍以上十倍以下罚款；构成犯罪的，依法追究刑事责任。

第五十四条 违反本法第三十二条规定，为出售、购买、利用野生动物及其制品或者禁止使用的猎捕工具发布广告的，依照《中华人民共和国广告法》的规定处罚。

第五十五条 违反本法第三十三条规定，为违法出售、购买、食用及利用野生动物及其制品或者禁止使用的猎捕工具提供展示、交易、消费服务的，由县级以上人民政府市场监督管理部门责令停止违法行为，限期改正，没收违法所得，并处违法所得二倍以上十倍以下罚款；没有违法所得或者违法所得不足五千元的，处一万元以上十万元以下罚款；构成犯罪的，依法追究刑事责任。

第五十六条 违反本法第三十七条规定，进出口野生动物及其制品的，由海关、公安机关、海警机构依照法律、行政法规和国家有关规定处罚；构成犯罪的，依法追究刑事责任。

第五十七条 违反本法第三十八条规定，向境外机构或者人员提供我国特有的野生动物遗传资源的，由县级以上人民政府野生动物保护主管部门没收野生动物及其制品和违法所得，并处野生动物及其制品价值或者违法所得一倍以上五倍以下罚款；构成犯罪的，依法追究刑事责任。

第五十八条 违反本法第四十条第一款规定，从境外引进野生动物物种的，由县级以上人民政府野生动物保护主管部门没收所引进的野生动物，并处五万元以上五十万元以下罚款；未依法实施进境检疫的，依照《中华人民共和国进出境动植物检疫法》的规定处罚；构成犯罪的，依法追究刑事责任。

第五十九条 违反本法第四十条第二款规定，将从境外引进的野生动物放生、丢弃的，由县级以上人民政府野生动物保护主管部门责令限期捕回，处一万元以上十万元以下罚款；逾期不捕回的，由有关野生动物保护主管部门代为捕回或者采取降低影响的措施，所需费用由被责令限期捕回者承担；构成犯罪的，依法追究刑事责任。

第六十条 违反本法第四十二条第一款规定，伪造、变造、买卖、转让、租借有关证件、专用标识或者有关批准文件的，由县级以上人民政府野生动物保护主管部门没收违法证件、专用标识、有关批准文件和违法所得，并处五万元以上五十万元以下罚款；构成违反治安管理行为的，由公安机关依法给予治安管理处罚；构成犯罪的，依法追究刑事责任。

第六十一条 县级以上人民政府野生动物保护主管部门和其他负有野生动物保护职责的部门、机构应当按照有关规定处理罚没的野生动物及其制品，具体办法由国务院野生动物保护主管部门会同国务院有关部门制定。

第六十二条 县级以上人民政府野生动物保护主管部门应当加强对野生动物及其制品鉴定、价值评估工作的规范、指导。本法规定的猎获物价值、野生动物及其制品价值的评估标准和方法，由国务院野生动物保护主管部门制定。

第六十三条 对违反本法规定破坏野生动物资源、生态环境，损害社会公共利益的行为，可以依照《中华人民共和国环境保护法》、《中华人民共和国民事诉讼法》、《中华人民共和国行政诉讼法》等法律的规定向人民法院提起诉讼。

第五章　附　则

第六十四条 本法自2023年5月1日起施行。

附录二：

全国人民代表大会常务委员会关于全面禁止非法野生动物交易、革除滥食野生动物陋习、切实保障人民群众生命健康安全的决定

（2020年2月24日第十三届全国人民代表大会常务委员会第十六次会议通过）

为了全面禁止和惩治非法野生动物交易行为，革除滥食野生动物的陋习，维护生物安全和生态安全，有效防范重大公共卫生风险，切实保障人民群众生命健康安全，加强生态文明建设，促进人与自然和谐共生，全国人民代表大会常务委员会作出如下决定：

一、凡《中华人民共和国野生动物保护法》和其他有关法律禁止猎捕、交易、运输、食用野生动物的，必须严格禁止。

对违反前款规定的行为，在现行法律规定基础上加重处罚。

二、全面禁止食用国家保护的“有重要生态、科学、社会价值的陆生野生动物”以及其他陆生野生动物，包括人工繁育、人工饲养的陆生野生动物。

全面禁止以食用为目的的猎捕、交易、运输在野外环境自然生长繁殖的陆生野生动物。

对违反前两款规定的行为，参照适用现行法律有关规定处罚。

三、列入畜禽遗传资源目录的动物，属于家畜家禽，适用《中华人民共和国畜牧法》的规定。

国务院畜牧兽医行政主管部门依法制定并公布畜禽遗传资源目录。

四、因科研、药用、展示等特殊情况，需要对野生动物进行非食用性利用的，应当按照国家有关规定实行严格审批和检疫检验。

国务院及其有关主管部门应当及时制定、完善野生动物非食用性利用的审批和检疫检验等规定，并严格执行。

五、各级人民政府和人民团体、社会组织、学校、新闻媒体等社会各方面，都应当积极开展生态环境保护和公共卫生安全的宣传教育和引导，全社会成员要自觉增强生态保护和公共卫生安全意识，移风易俗，革除滥食野生动物陋习，养成科学健康文明的生活方式。

六、各级人民政府及其有关部门应当健全执法管理体制，明确执法责任主体，落实执法管理责任，加强协调配合，加大监督检查和责任追究力度，严格查处违反本决定和有关法律法规的行为；对违法经营场所和违法经营者，依法予以取缔或者查封、关闭。

七、国务院及其有关部门和省、自治区、直辖市应当依据本决定和有关法律，制定、调整相关名录和配套规定。

国务院和地方人民政府应当采取必要措施，为本决定的实施提供相应保障。有关地方人民政府应当支持、指导、帮助受影响的农户调整、转变生产经营活动，根据实际情况给予一定补偿。

八、本决定自公布之日起施行。

附录三：

关于办理破坏野生动物资源刑事案件适用法律若干问题的解释

（2021年12月13日最高人民法院审判委员会第1856次会议、2022年2月9日最高人民检察院第十三届检察委员会第八十九次会议通过，自2022年4月9日起施行）

为依法惩治破坏野生动物资源犯罪，保护生态环境，维护生物多样性和生态平衡，根据《中华人民共和国刑法》《中华人民共和国刑事诉讼法》《中华人民共和国野生动物保护法》等法律的有关规定，现就办理此类刑事案件适用法律的若干问题解释如下：

第一条 具有下列情形之一的，应当认定为刑法第一百五十一条第二款规定的走私国家禁止进出口的珍贵动物及其制品：

（一）未经批准擅自进出口列入经国家濒危物种进出口管理机构公布的《濒危野生动植物种国际贸易公约》附录一、附录二的野生动物及其制品；

（二）未经批准擅自出口列入《国家重点保护野生动物名录》的野生动物及其制品。

第二条 走私国家禁止进出口的珍贵动物及其制品，价值二十万元以上不满二百万元的，应当依照刑法第一百五十一条第二款的规定，以走私珍贵动物、珍贵动物制品罪处五年以上十年以下有期徒刑，并处罚金；价值二百万元以上的，应当认定为“情节特别严重”，处十年以上有期徒刑或者无期徒刑，并处没收财产；价值二万元以上不满二十万元的，应当认定为“情节较轻”，处五年以下有期徒刑，并处罚金。

实施前款规定的行为，具有下列情形之一的，从重处罚：

（一）属于犯罪集团的首要分子的；

（二）为逃避监管，使用特种交通工具实施的；

（三）二年内曾因破坏野生动物资源受过行政处罚的。

实施第一款规定的行为，不具有第二款规定的情形，且未造成动物死亡或者动物、动物制品无法追回，行为人全部退赃退赔，确有悔罪表现的，按照下列规定处理：

（一）珍贵动物及其制品价值二百万元以上的，可以处五年以上十年以下有期徒刑，并处罚金；

（二）珍贵动物及其制品价值二十万元以上不满

二百万元的，可以认定为“情节较轻”，处五年以下有期徒刑，并处罚金；

（三）珍贵动物及其制品价值二万元以上不满二十万元的，可以认定为犯罪情节轻微，不起诉或者免予刑事处罚；情节显著轻微危害不大的，不作为犯罪处理。

第三条 在内陆水域，违反保护水产资源法规，在禁渔区、禁渔期或者使用禁用的工具、方法捕捞水产品，具有下列情形之一的，应当认定为刑法第三百四十条规定的“情节严重”，以非法捕捞水产品罪定罪处罚：

（一）非法捕捞水产品五百公斤以上或者价值一万元以上的；

（二）非法捕捞有重要经济价值的水生动物苗种、怀卵亲体或者在水产种质资源保护区内捕捞水产品五十公斤以上或者价值一千元以上的；

（三）在禁渔区使用电鱼、毒鱼、炸鱼等严重破坏渔业资源的禁用方法或者禁用工具捕捞的；

（四）在禁渔期使用电鱼、毒鱼、炸鱼等严重破坏渔业资源的禁用方法或者禁用工具捕捞的；

（五）其他情节严重的情形。

实施前款规定的行为，具有下列情形之一的，从重处罚：

（一）暴力抗拒、阻碍国家机关工作人员依法履行职务，尚未构成妨害公务罪、袭警罪的；

（二）二年内曾因破坏野生动物资源受过行政处罚的；

（三）对水生生物资源或者水域生态造成严重损害的；

（四）纠集多条船只非法捕捞的；

（五）以非法捕捞为业的。

实施第一款规定的行为，根据渔获物的数量、价值和捕捞方法、工具等，认为对水生生物资源危害明显较轻的，综合考虑行为人自愿接受行政处罚、积极修复生态环境等情节，可以认定为犯罪情节轻微，不起诉或者免予刑事处罚；情节显著轻微危害不大的，不作为犯罪处理。

第四条 刑法第三百四十一条第一款规定的“国家重点保护的珍贵、濒危野生动物”包括：

（一）列入《国家重点保护野生动物名录》的野生动物；

（二）经国务院野生动物保护主管部门核准按照国家重点保护的野生动物管理的野生动物。

第五条 刑法第三百四十一条第一款规定的“收购”包括以营利、自用等为目的的购买行为；“运输”包括采用携带、邮寄、利用他人、使用交通工具等方法进行运送的行为；“出售”包括出卖和以营利为目的的加工利用行为。

刑法第三百四十一条第三款规定的“收购”“运输”“出售”，是指以食用为目的，实施前款规定的相应行为。

第六条 非法猎捕、杀害国家重点保护的珍贵、濒危野生动物，或者非法收购、运输、出售国家重点保护的珍贵、濒危野生动物及其制品，价值二万元以上不满二十万元的，应当依照刑法第三百四十一条第一款的规定，以危害珍贵、濒危野生动物罪处五年以下有期徒刑或者拘役，并处罚金；价值二十万元以上不满二百万元的，应当认定为“情节严重”，处五年以上十年以下有期徒刑，并处罚金；价值二百万元以上的，应当认定为“情节特别严重”，处十年以上有期徒刑，并处罚金或者没收财产。

实施前款规定的行为，具有下列情形之一的，从重处罚：

（一）属于犯罪集团的首要分子的；

（二）为逃避监管，使用特种交通工具实施的；

（三）严重影响野生动物科研工作的；

（四）二年内曾因破坏野生动物资源受过行政处罚的。

实施第一款规定的行为，不具有第二款规定的情形，且未造成动物死亡或者动物、动物制品无法追回，行为人全部退赃退赔，确有悔罪表现的，按照下列规定处理：

（一）珍贵、濒危野生动物及其制品价值二百万元以上的，可以认定为“情节严重”，处五年以上十年以下有期徒刑，并处罚金；

（二）珍贵、濒危野生动物及其制品价值二十万元以上不满二百万元的，可以处五年以下有期徒刑或者拘役，并处罚金；

（三）珍贵、濒危野生动物及其制品价值二万元以上不满二十万元的，可以认定为犯罪情节轻微，不起诉或者免予刑事处罚；情节显著轻微危害不大的，不作为犯罪处理。

第七条 违反狩猎法规，在禁猎区、禁猎期或者使用禁用的工具、方法进行狩猎，破坏野生动物资源，具有下列情形之一的，应当认定为刑法第三百四十一条第二款规定的“情节严重”，以非法狩猎罪定罪处罚：

（一）非法猎捕野生动物价值一万元以上的；

（二）在禁猎区使用禁用的工具或者方法狩猎的；

（三）在禁猎期使用禁用的工具或者方法狩猎的；

（四）其他情节严重的情形。

实施前款规定的行为，具有下列情形之一的，从重处罚：

（一）暴力抗拒、阻碍国家机关工作人员依法履行职务，尚未构成妨害公务罪、袭警罪的；

（二）对野生动物资源或者栖息地生态造成严重损害的；

（三）二年内曾因破坏野生动物资源受过行政处罚的。

实施第一款规定的行为，根据猎获物的数量、价值和狩猎方法、工具等，认为对野生动物资源危害明显较轻的，综合考虑猎捕的动机、目的、行为人自愿接受行政处罚、积极修复生态环境等情节，可以认定为犯罪情节轻微，不起诉或者免予刑事处罚；情节显著轻微危害不大的，不作为犯罪处理。

第八条 违反野生动物保护管理法规，以食用为目的，非法猎捕、收购、运输、出售刑法第三百四十一条第一款规定以外的在野外环境自然生长繁殖的陆生野生动物，具有下列情形之一的，应当认定为刑法第三百四十一条第三款规定的“情节严重”，以非法猎捕、收购、运输、出售陆生野生动物罪定罪处罚：

（一）非法猎捕、收购、运输、出售有重要生态、科学、社会价值的陆生野生动物或者地方重点保护陆生野生动物价值一万元以上的；

（二）非法猎捕、收购、运输、出售第一项规定以外的其他陆生野生动物价值五万元以上的；

（三）其他情节严重的情形。

实施前款规定的行为，同时构成非法狩猎罪的，应当依照刑法第三百四十一条第三款的规定，以非法猎捕陆生野生动物罪定罪处罚。

第九条　明知是非法捕捞犯罪所得的水产品、非法狩猎犯罪所得的猎获物而收购、贩卖或者以其他方法掩饰、隐瞒，符合刑法第三百一十二条规定的，以掩饰、隐瞒犯罪所得罪定罪处罚。

第十条　负有野生动物保护和进出口监督管理职责的国家机关工作人员，滥用职权或者玩忽职守，致使公共财产、国家和人民利益遭受重大损失的，应当依照刑法第三百九十七条的规定，以滥用职权罪或者玩忽职守罪追究刑事责任。

负有查禁破坏野生动物资源犯罪活动职责的国家机关工作人员，向犯罪分子通风报信、提供便利，帮助犯罪分子逃避处罚的，应当依照刑法第四百一十七条的规定，以帮助犯罪分子逃避处罚罪追究刑事责任。

第十一条　对于“以食用为目的”，应当综合涉案动物及其制品的特征，被查获的地点，加工、包装情况，以及可以证明来源、用途的标识、证明等证据作出认定。

实施本解释规定的相关行为，具有下列情形之一的，可以认定为“以食用为目的”：

（一）将相关野生动物及其制品在餐饮单位、饮食摊点、超市等场所作为食品销售或者运往上述场所的；

（二）通过包装、说明书、广告等介绍相关野生动物及其制品的食用价值或者方法的；

（三）其他足以认定以食用为目的的情形。

第十二条　二次以上实施本解释规定的行为构成犯罪，依法应当追诉的，或者二年内实施本解释规定的行为未经处理的，数量、数额累计计算。

第十三条　实施本解释规定的相关行为，在认定是否构成犯罪以及裁量刑罚时，应当考虑涉案动物是否系人工繁育、物种的濒危程度、野外存活状况、人工繁育情况、是否列入人工繁育国家重点保护野生动物名录，行为手段、对野生动物资源的损害程度，以及对野生动物及其制品的认知程度等情节，综合评估社会危害性，准确认定是否构成犯罪，妥当裁量刑罚，确保罪责刑相适应；根据本解释的规定定罪量刑明显过重的，可以根据案件的事实、情节和社会危害程度，依法作出妥当处理。

涉案动物系人工繁育，具有下列情形之一的，对所涉案件一般不作为犯罪处理；需要追究刑事责任的，应当依法从宽处理：

（一）列入人工繁育国家重点保护野生动物名录的；

（二）人工繁育技术成熟、已成规模，作为宠物买卖、运输的。

第十四条 对于实施本解释规定的相关行为被不起诉或者免予刑事处罚的行为人，依法应当给予行政处罚、政务处分或者其他处分的，依法移送有关主管机关处理。

第十五条 对于涉案动物及其制品的价值，应当根据下列方法确定：

（一）对于国家禁止进出口的珍贵动物及其制品、国家重点保护的珍贵、濒危野生动物及其制品的价值，根据国务院野生动物保护主管部门制定的评估标准和方法核算；

（二）对于有重要生态、科学、社会价值的陆生野生动物、地方重点保护野生动物、其他野生动物及其制品的价值，根据销赃数额认定；无销赃数额、销赃数额难以查证或者根据销赃数额认定明显偏低的，根据市场价格核算，必要时，也可以参照相关评估标准和方法核算。

第十六条 根据本解释第十五条规定难以确定涉案动物及其制品价值的，依据司法鉴定机构出具的鉴定意见，或者下列机构出具的报告，结合其他证据作出认定：

（一）价格认证机构出具的报告；

（二）国务院野生动物保护主管部门、国家濒危物种进出口管理机构或者海关总署等指定的机构出具的报告；

（三）地、市级以上人民政府野生动物保护主管部门、国家濒危物种进出口管理机构的派出机构或者直属海关等出具的报告。

第十七条 对于涉案动物的种属类别、是否系人工繁育，非法捕捞、狩猎的工具、方法，以及对野生动物资源的损害程度等专门性问题，可以由野生动物保护主管部门、侦查机关依据现场勘验、检查笔录等出具认定意见；难以确定的，依据司法鉴定机构出具的鉴定意见、本解释第十六条所列机构出具的报告，被告人及其辩护人提供的证据材料，结合其他证据材料综合审查，依法作出认定。

第十八条 餐饮公司、渔业公司等单位实施破坏野生动物资源犯罪的，依照本解释规定的相应自然人犯罪的定罪量刑标准，对直接负责的主管人员和其他直接责任人员定罪处罚，并对单位判处罚金。

第十九条 在海洋水域，非法捕捞水产品，非法采捕珊瑚、砗磲或者其他珍贵、濒危水生野生动物，或者非法收购、运输、出售珊瑚、砗磲或者其他珍贵、濒危水生野生动物及其制品的，定罪量刑标准适用《最高人民法院关于审理发生在我国管辖海域相关案件若干问题的规定（二）》(法释〔2016〕17号)的相关规定。

第二十条 本解释自2022年4月9日起施行。本解释公布施行后，《最高人民法院关于审理破坏野生动物资源刑事案件具体应用法律若干问题的解释》（法释〔2000〕37号）同时废止；之前发布的司法解释与本解释不一致的，以本解释为准。